# 鸿蒙应用
## 低代码开发

■ 杨晋 程晨 著

U0264953

人民邮电出版社

北 京

图书在版编目（CIP）数据

鸿蒙应用低代码开发 / 杨晋，程晨著. -- 北京：
人民邮电出版社，2024.7
ISBN 978-7-115-64039-0

Ⅰ. ①鸿… Ⅱ. ①杨… ②程… Ⅲ. ①移动终端—应
用程序—程序设计 Ⅳ. ①TN929.53

中国国家版本馆CIP数据核字(2024)第061543号

## 内 容 提 要

在华为发布的 HarmonyOS 3.1 版本中，SDK 全面升级为 ArkTS 声明式开发体系，这个体系围绕华为基于
eTS 语言全新自研的开发语言 ArkTS 展开。同时新的开发环境中提供了低代码的开发形式，用户可以通过可视
化的形式设计应用的界面，通过鼠标的拖曳操作，再加上一些参数的选择，就能完成一个较为复杂的界面设计。

本书共有 8 章，介绍了盒子模型、布局组件，以及按钮与弹窗、图片与进度条等交互式组件，最终完成了
一个电子期刊的应用设计。本书内容由易到难，能够帮助读者更快地了解鸿蒙应用开发的相关内容，可作为软
件开发人员、设备开发人员等的入门参考书。

◆ 著　　　杨　晋　程　晨
责任编辑　哈　爽
责任印制　马振武

◆ 人民邮电出版社出版发行　　北京市丰台区成寿寺路 11 号
邮编　100164　电子邮件　315@ptpress.com.cn
网址　https://www.ptpress.com.cn
北京盛通印刷股份有限公司印刷

◆ 开本：787×1092　1/16
印张：8.75　　　　　　　2024 年 7 月第 1 版
字数：205 千字　　　　　2024 年 7 月北京第 1 次印刷

定价：69.80 元

读者服务热线：(010)53913866　印装质量热线：(010)81055316
反盗版热线：(010)81055315
广告经营许可证：京东市监广登字 20170147 号

# 前 言

鸿蒙系统是一款"面向未来"、面向全场景的分布式操作系统。在传统的单设备系统能力的基础上，鸿蒙系统提出了基于同一套系统能力、适配多种终端形态的分布式理念，能够支持多种终端设备。鸿蒙是时代的产物，是面向物联网时代的操作系统，它有望重塑物联网生态，将芯片、系统、人工智能等技术分享给全球，推动全社会数字化转型，继而进入智能社会新时代。

2023 年年初，华为正式发布了 HarmonyOS 3.1 版本，SDK 全面升级为 ArkTS 声明式开发体系，这个体系围绕华为基于 eTS 语言全新自研的开发语言 ArkTS 展开。同时，新的开发环境中提供了低代码的开发形式。

鸿蒙系统应用开发的低代码开发形式主要是指在开发环境中，用户可以通过可视化的形式设计应用的界面，这样只需要通过鼠标的拖曳操作，再加上一些参数的选择，就能完成一个较为复杂的界面设计。通过低代码开发形式，用户能够更快地实现鸿蒙应用开发。

如果您希望能够了解一些鸿蒙开发的内容，那么可以考虑跟随本书进行学习。本书共有 8 章，内容由易到难，介绍了盒子模型、布局组件、按钮与弹窗组件、图片与进度条组件等，最终完成了一个电子期刊的应用设计。

目前市面上已经有了不少关于鸿蒙应用开发的图书，不过大多技术性偏强，比较适合有一定手机应用开发经验的工程师或技术人员阅读。而本书则面向对鸿蒙应用开发感兴趣，但没有太多经验的初学者，内容浅显易懂、实操性强。虽然 ArkTS 是华为全新推出的编程语言，不过从入门学习的角度来说，其与 eTS 语言差别不太大，而且在开发环境 DevEco Studio 中，对应的源代码也保存为 .ets 文件。希望本书能够让大家比较容易地进入鸿蒙应用开发的大门。

　　本书的出版离不开人民邮电出版社的编辑付出的努力，在此表示感谢。还要感谢正捧着这本书的读者，感谢您肯花费时间和精力阅读本书。由于时间有限，书中难免存在疏漏与错误，诚恳地希望您批评指正，您的意见和建议将给我们莫大的帮助。

作者

2024 年 1 月

# 目 录

# 目 录

# 第 1 章 HarmonyOS 3.1

2023 年年初，华为正式发布了 HarmonyOS 3.1 版本，SDK 全面升级为 ArkTS 声明式开发体系，这个体系围绕华为基于 eTS 语言全新自研的开发语言 ArkTS，包含了设计系统 HarmonyOS Design、编译器 ArkCompiler、测试工具 DevEco Testing 及上架分发平台 AppGallery Connect，从设计、开发、测试、上架全流程进行了全面优化。

ArkTS 在 eTS 的基础上，更好地匹配了 ArkUI 框架，扩展了声明式 UI 语法和轻量化并发机制，让跨界面开发和并行化任务开发更加高效简洁。

## 1.1 ArkTS

本书作者从 2021 年 8 月开始在《无线电》期刊上连载《鸿蒙 JavaScript 开发初体验》，之后出版了图书《鸿蒙应用开发入门》[1]，当时这本书是以 JavaScript 语言为基础的，而新版的 DevEco Studio 默认只支持 ArkTS，于是作者有了编写这本书的想法。

虽然 ArkTS 是华为全新推出的编程语言，不过从入门学习的角度来说，其与 eTS 语言差别不太大，而且在开发环境 DevEco Studio 中，对应的源代码也是 .ets 文件。eTS 语言是扩展的 TS 语言（TypeScript 语言），而 TS 语言又是 JavaScript 的一个变种，所以本书可以理解为接续《鸿蒙应用开发入门》的一本书，因此本书就没有介绍鸿蒙系统的发展历史、技术特征及技术框架相关的内容。不过了解使用 JavaScript 语言进行鸿蒙应用开发的内容，实际上会让我们学习 ArkTS 语言（或者 eTS 语言）更容易[2]。

## 1.2 低代码开发

虽然本书接续《鸿蒙应用开发入门》，不过实操的内容并不需要大家完全掌握基于 JavaScript

---

[1] 人民邮电出版社 2022 年 2 月出版，作者为程晨。

[2] 相比于使用 JavaScript 进行鸿蒙应用的开发，使用 ArkTS 语言（或者 eTS 语言）开发的话，每个页面或 Ability 只需要完成一个 .ets 文件，不需要分别完成 .css、.hml 和 .js 3 个文件。eTS 将页面布局、组件样式及交互代码都集中在一个文件中，其实对于初学者来说，理解上并不直观，如果先了解了基于 JavaScript 的应用开发，可以等效地理解很多 eTS 中的概念。

语言的开发。本书主要采用 DevEco Studio 中最新的低代码开发的形式，因此从实操的角度来说，单独阅读本书也是没有问题的。

鸿蒙系统应用开发的低代码开发形式主要是指在开发环境中，可以通过可视化的形式设计应用的界面。这样只需要通过鼠标的拖曳操作，再加上一些参数的选择，就能完成一个较为复杂的界面设计。当然，只有应用的界面是不够的，要实现业务逻辑还是需要编写代码的，因此这种形式被称为低代码开发的形式。

## 1.3 创建低代码开发形式的项目

下载并安装 DevEco Studio 的内容本书也不详细介绍了，如果大家安装的是 DevEco Studio 3.1 之前的版本，那么需要先将开发环境更新为 DevEco Studio 3.1 或以上的版本；如果还没有安装开发环境，那么注意一定要安装 DevEco Studio 3.1 或以上的版本。

开发环境装好之后，创建一个新项目，如图 1.1 所示。

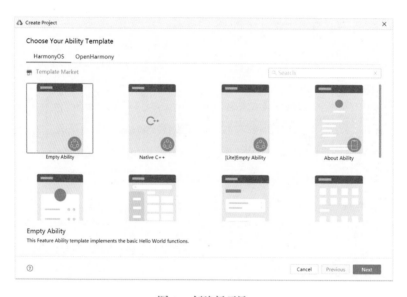

图 1.1 创建新项目

这里能看到相比于 2.0 版本，DevEco Studio 3.1 版本主要有两个变化。

（1）可以选择应用运行的系统。开发环境 DevEco Studio 3.1 中提供除了能够开发鸿蒙系统（HarmonyOS）的应用，还能开发开源鸿蒙（OpenHarmony）的应用。

（2）在选择模板的选项中，我们只需要选择应用的类型即可，不用确定使用的开发语言。此时如果光标悬停在一个模块上，会显示出这个模块支持的终端设备。

此处，我们选 HarmonyOS 中最基础的"Empty Ability"（空项目），然后单击"Next"，打开如图 1.2 所示的项目配置界面。

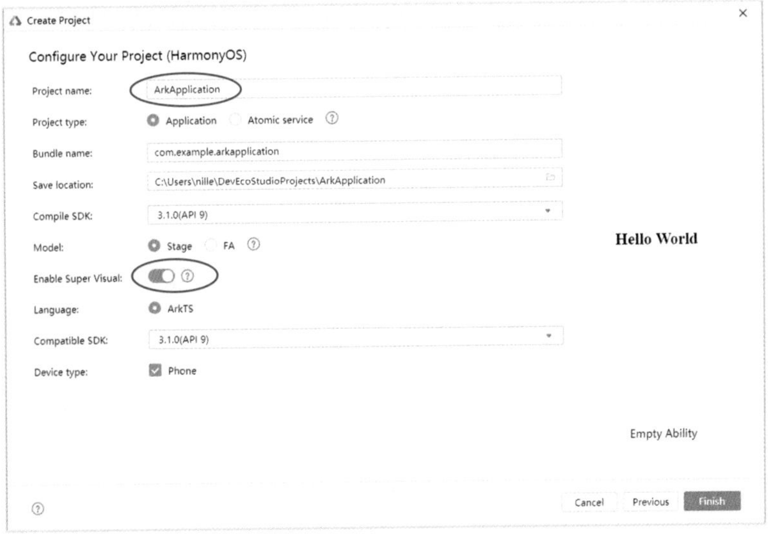

图 1.2　项目配置界面

在这个界面中我们设定项目名为"ArkApplication"，"Language"（项目语言）只有一个选项——ArkTS，另外这里要将"Enable Super Visual"后面的开关打开（变为蓝色，如图 1.2 所示），这样之后就能采用低代码的形式进行开发了。以上这些配置完成后，单击"Finish"完成项目的创建，之后的应用设计界面如图 1.3 所示。

图 1.3　应用设计界面

这里采用了低代码的形式进行开发（Enable Super Visual），所以默认打开的是一个 .visual 文件（初始为 Index.visual 文件），也就是一个可以通过可视化的形式设计应用界面的文件。通过可视化的效果能够看到虽然这是一个空项目，但应用界面中间会显示"Hello World"。

## 1.4 可视化的应用设计界面

整个可视化的应用设计界面可以分为 4 个区域，如图 1.3 所示。

（1）预览区。这个区域能够直接看到通过鼠标拖曳操作完成的界面，而且在这个区域中还能够直接点选界面中不同的组件。

（2）组件区。这个区域列出了能够使用的组件图标，当向预览区添加组件时，只需要单击对应的组件，然后按住鼠标将其拖曳到预览区即可。

（3）组件树区。这个区域将以树的形式列出预览区不同组件之间的所属关系，当预览区的组件较多时，通常需要在组件树区来选择对应的组件。

（4）属性区。当选中不同的组件时，这个区域会显示选中组件的属性，这些不同类型的属性分别在不同的选项卡中。这个区域是我们之后会经常操作的区域。

## 1.5 应用工程结构

整个项目的应用工程结构与基于 JavaScript 语言的项目结构类似，我们还是主要关注 Entry 类型的 HAP。再次强调这是默认启动的模块，一个 App 中，对于同一终端设备类型必须有且只有一个 Entry 类型的 HAP。

源文件相关的内容都在 entry 中 src 文件夹下的 main 文件夹中，其中包含的内容如下。

- entry>src>main>ets：用于存放 ets 相关的源码，相当于基于 JavaScript 语言的项目结构中的 js 文件夹。
- entry>src>main>resources：用于存放资源文件。
- entry>src>main>supervisual：用于存放可以通过可视化的形式设计应用界面的文件。如果没有选择低代码开发模式，则没有这个文件夹。
- entry>src>main>module.json5：HAP 包的配置信息。

此时通过图 1.3 能够看到，默认情况下 supervisual 文件夹已经被打开，其中包含一个 pages 文件夹，而 pages 文件夹中包含的是目前显示的 Index.visual 文件。

# 第 2 章 盒子模型

虽然我们主要采用低代码开发的形式，但在通过可视化的形式进行应用界面的设计时，并不像在计算机的桌面摆放图标那样，将组件拖曳到什么位置，组件就摆在了什么位置，所以我们还需要了解一下盒子模型。

## 2.1 什么是盒子模型

盒子模型是进行界面设计时引入的一个通俗的概念，这个概念是把页面中所有的元素或组件都看成盒子。而盒子由边沿、盒体、填充和内容组成，如图 2.1 所示。

图 2.1　盒子模型示意

图 2.1 中灰色的部分为盒体，这个盒体是有宽度的，盒体内是填充和内容，盒体外是边沿。填充、盒体和边沿的厚度都是可以设置的。

现在单击图 1.3 所示应用界面预览区中的"Hello World"（如图 2.2 所示）或者空白处（如图 2.3 所示）。

图 2.2　单击图 1.3 所示应用界面预览区中的"Hello World"

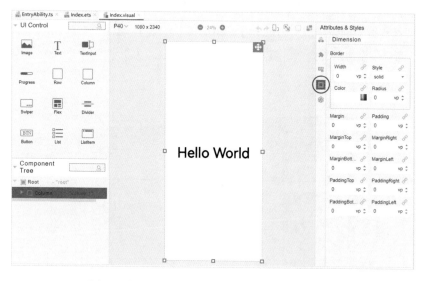

图 2.3　单击图 1.3 所示应用界面预览区中的空白处

单击"Hello World"比较直观，此时能看到"Hello World"周围有被选中的提示；而单击空白处则会看到整个预览区被选中了（其实选中的是一个容器组件，这个在之后的内容中会进一步介绍）。不管是单击"Hello World"还是单击空白处，此时在右侧的属性区中，都会出现一个看起来像是套在一起的两个方框的图标（见图 2.2 和图 2.3 中红圈的位置），单击这个图标，对应的选项卡显示的就是盒子模型相关的属性[3]。

在盒子模型相关的属性中，"Border"下面的 4 个属性是与盒体相关的，分别是 Width（盒

---

3　所有的组件都会有这个盒子模型相关属性的图标。

体框宽度）、Color（盒体框颜色）、Style（盒体框样式）和 Radius（盒体框半径）。

以选中文本"Hello World"为例，如果设置盒体框宽度为 3vp，就会看到文本"Hello World"周围出现了一个黑框，如图 2.4 所示。图 2.4 中数值后的 vp 为虚拟像素（virtual pixel），是一台终端设备针对应用设置的虚拟尺寸，默认情况下 1vp 就是 1 个像素，但用户可以设置虚拟像素和像素之间的比例关系。虚拟像素提供了一种灵活的方式来适应不同大小屏幕的显示效果，使用虚拟像素能够让界面内容在不同终端设备上的显示具有一致的视觉效果。

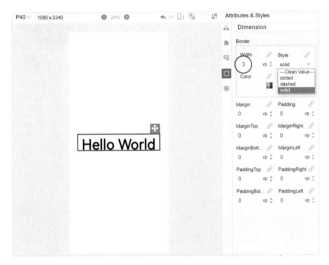

图 2.4　设置盒体框的宽度数值为 3

盒体框宽度属性的右侧为盒体框样式，这个属性的可选值有：dotted（点虚线）、dashed（段虚线）和 solid（实线），如图 2.4 所示。当前的样式为 solid（实线），如果切换为 dashed（段虚线），则显示效果如图 2.5 所示。

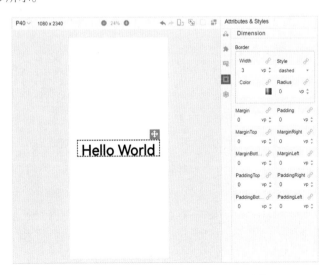

图 2.5　将盒体框样式切换为 dashed（段虚线）

盒体框宽度属性的下方为盒体框颜色，我们可以直接单击属性右侧的颜色图标来设置颜色，如图 2.6 所示。

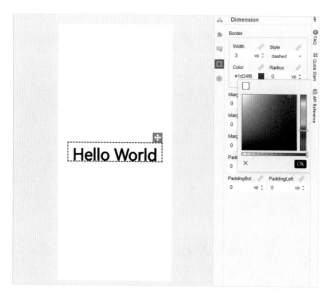

图 2.6　设置盒体框颜色

弹出的设置颜色对话框[4]大致分为 3 个区域。

（1）左上方占了很大面积的方形区域用来设定最终颜色。

（2）右侧竖直的滑动条用来设置主体颜色区间。

（3）下方水平的滑动条用来设置透明度。

在设定颜色时，首先调节右侧竖直的滑动条来设置主体颜色区间，这里选择了蓝色。然后可以通过光标在左上方的方形区域选择具体的颜色，此时在盒体框颜色属性中就能看到用十六进制表示法表示的当前颜色，图 2.6 中为 #1d34f6。十六进制表示法使用 6 位十六进制数来表示颜色，前两位代表"红色"强度，接下来的两位代表"绿色"强度，后两位代表"蓝色"强度。

在设置颜色的透明度时，盒体框颜色属性的表示就从十六进制表示法变成了 RGBA 表示法，如图 2.7 所示。

在 RGBA 表示法中，所有颜色均可以由 4 个数来表示，前 3 个数为红绿蓝 3 种颜色的值，第 4 个数为透明度的值，颜色值的取值范围为 0 ~ 255，0 表示颜色强度最小，255 表示颜色强度最大，而透明度的取值范围为 0 ~ 1.0，0 为完全透明，1.0 为不透明。例如，rgba(0,255,0,0.5) 表示设置第 2 种颜色（即绿色 green）的强度为 255（最大强度），第 1 种和第 3 种颜色（分别为红色 red 和蓝色 blue）的强度为 0（最小强度），透明度为 0.5，这样就会得到半透明的绿色。

当设定好颜色及透明度之后，单击设置颜色对话框中的"Ok"按钮，盒体框颜色就设置好了。

---

4 所有的设置颜色对话框都是这样的。

图 2.7 设置颜色的透明度

盒体框设置的最后一个属性是盒体框半径（即设置盒体框圆角），注意这个值是与盒体大小相关的，即这个值不能大于盒体宽或高中较小值的一半。假设盒体宽 100vp、高 60vp，那么盒体框半径的最大值就是 30vp（值可以设置得比 30 大，但显示效果不会有进一步的变化），此时盒体框的两侧就变成了圆角，如图 2.8 所示。

图 2.8 设置盒体框半径

## 2.2 填充和边沿属性

盒体相关属性的下方是填充和边沿的属性，填充和边沿都是透明的。因此我们无法改变它们的颜色或者样式，只能指定它们的宽度。这些属性如下。

- Margin：盒体四周边沿的宽度。
- Padding：内容四周填充的宽度。
- MarginTop：盒体上方边沿的宽度。

- MarginRight：盒体右侧边沿的宽度。
- MarginBottom：盒体下方边沿的宽度。
- MarginLeft：盒体左侧边沿的宽度。
- PaddingTop：内容上方填充的宽度。
- PaddingRight：内容右侧填充的宽度。
- PaddingBottom：内容下方填充的宽度。
- PaddingLeft：内容左侧填充的宽度。

注意：这些值的改变都会影响盒体、内容，以及多个盒体之间的位置关系。

## 2.3 增加文本组件

填充和边沿的属性中，边沿的宽度除了正值以外，还可以是负值[5]。负的边沿值将导致重叠部分内容。为了展示这种重叠的效果，我们先来添加一个文本组件。

在组件区单击一个名为"Text"的组件，这个就是文本组件，如图 2.9 所示。按住鼠标左键，将其拖曳到预览区，此时在预览区中原本的文本"Hello World"上方或下方就会出现一条绿线，这表示新增的文本组件是放在文本"Hello World"的上方还是下方[6]。

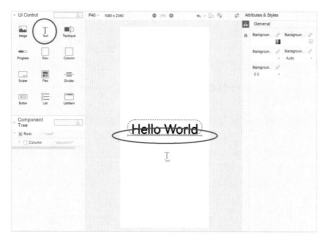

图 2.9 单击文本组件，按住鼠标左键将其拖曳到预览区

图 2.9 所示的文本组件位置是在文本"Hello World"的下方，这是因为当前光标悬停在文本"Hello World"下方的空白区域，而如果将光标悬停在文本"Hello World"上方的空白区域，则绿线将会出现在文本"Hello World"的上方。

---

5 虽然边沿值可以是负值，但填充的值不能是负值。

6 本章开始的时候说过，虽然是可视化的界面设计形式，但并不是将组件拖曳到哪里，组件就放在哪里。组件的位置最终还是要看容器组件的属性，这点在后面的内容中会详细介绍。

此时松开鼠标左键，在文本"Hello World"下方就会出现一个空白的文本组件，如图2.10所示。

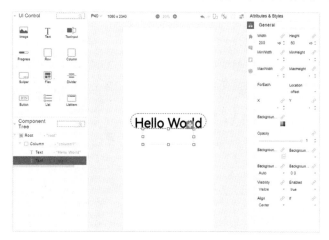

图 2.10　松开鼠标左键添加新的文本组件

目前这个文本组件中没有内容，如果要显示一些文本内容，还需要通过设定属性区的属性来实现。

对于新增的组件，属性区默认的选项卡为第 1 项——General（通用属性）选项卡，如图2.10所示。这个选项卡中可以设置组件大小、背景、是否可见等。而设置文本组件显示的内容需要切换到第 2 个选项卡 Feature（特有属性）选项卡，如图 2.11 所示，这个选项卡中的属性是各个组件特有的，对于文本组件来说，其中包括字体 FontSize（字体大小）、FontColor（文本颜色）、TextAlign（文本对齐方式）、LineHeight（行高）等。

图 2.11　将属性区的选项卡切换到第 2 项

　　这个选项卡中的最后一项属性用来设置文本组件中的内容，这里输入了"Hello Harmony"，此时能看到在预览区的"Hello World"下方的文本组件中出现了文本"Hello Harmony"，不过目前这个显示的文本还有点小。

　　可以将这个文本组件的字体大小设置为 25fp（当前为 10fp），文本对齐方式设置为 Center（居中），此时显示效果如图 2.12 所示。

图 2.12　调整文本组件属性

　　新增了一个文本组件之后，下面来调整文本组件盒体边沿的宽度。切换到与盒子模型相关的属性，将 Margin 属性的值设为 –35vp，此时两个文本组件显示的效果如图 2.13 所示。

图 2.13　将边沿值设为负值的效果

这里能看到两个文本组件重叠在一起了，这是因为"Hello World"文本组件和"Hello Harmony"文本组件之间的边沿值变成了负值。除了设置 Margin 属性之外，设置"Hello Harmony"文本组件的 MarginTop 属性或是"Hello World"文本组件的 MarginBottom 属性，两个文本组件的显示效果都是一样的。

## 2.4　盒体的宽度和高度

现在我们已经了解了如何设置盒体框的宽度、颜色、样式、半径，以及填充和边沿的宽度，下面介绍如何设置盒子的大小（设计一个界面实际上可以理解为在摆放不同大小的盒子）。

设置盒子大小的属性并不在盒子模型相关的属性中，而是在组件的通用属性中[7]。切换到通用属性选项卡，如图 2.14 所示。第 1 项 Width 和第 2 项 Height 就是用来设置盒子大小的属性，分别表示宽度和高度。

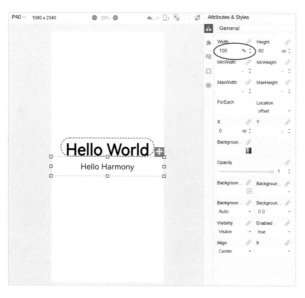

图 2.14　设置盒子大小

这里将文本组件盒体边沿的宽度恢复为 0vp，将两个文本组件上下排列。

除了直接设置盒子大小之外，还可以以百分比的形式来设置。百分比表示盒子的大小将占据页面宽度或高度的百分比。比如图 2.14 中，将"Hello Harmony"文本组件的宽度设置为 100%，就表示该组件的宽度和页面宽度一致[8]。在图中左侧的可视化效果中能看到，此时组件的宽度变大了。

---

7　确切地说这个属性是组件的大小，而不是盒子的大小，因此是在通用属性中。

8　确切地说应该是与所在的容器组件宽度一致，这个文本组件所在的容器组件宽度就是页面的宽度，所以文本组件的宽度也和页面宽度一致。

为了体现设置百分比和直接设置大小的差别，我们可以通过可视化界面中的功能按钮将手机横过来，显示效果如图 2.15 所示。

图 2.15 将手机横过来之后的显示效果

可以看到，当手机横过来之后，"Hello World"文本组件的宽度没有变化，不过"Hello Harmony"文本组件的宽度变宽了。

## 2.5 组件特有属性小节

本章我们添加了一个文本组件，因此本章的最后，罗列一下文本组件的特有属性，如图 2.16 和表 2.1 所示。

图 2.16 文本组件的特有属性

表 2.1　文本组件的特有属性

| 属性 | 说明 |
| --- | --- |
| FontSize | 字体大小 |
| FontStyle | 文本正斜体 |
| FontColor | 文本颜色 |
| FontWeight | 文本加粗 |
| TextAlign | 多行文本的文本对齐方式 |
| LineHeight | 文本的行高，设置值不大于 0 时，不限制文本行高，自适应字体大小 |
| TextOverflow | 文本超长时的显示方式 |
| BaselineOffset | 文本基线的偏移量 |
| DecorationType | 文本装饰线样式，包括下划线、删除线及上划线 |
| DecorationColor | 文本装饰线颜色 |
| TextCase | 文本大小写 |
| FontFamily | 文本字体 |
| MaxLines | 文本的最大行数 |
| Content | 文本内容 |

# 第 3 章　布局组件

了解了盒子模型之后，本章就来介绍真正决定页面各个组件布局的布局组件。

## 3.1　容器组件与布局组件

前面我们多次提到了容器组件，所谓的容器组件就是能够容纳、放置其他元素或组件的特殊组件。容器组件的主要作用是实现页面的布局及展示动态内容，而与页面布局相关的组件又可以称为布局组件，本章将介绍可视化界面中组件区提供的 3 个基本的布局组件：Column、Row 和 Flex。

## 3.2　Column组件

Column 组件是沿竖直方向的布局组件，其在组件区中的图标为一个蓝色的方框，方框下面标注了 Column。

在图 2.2 和图 2.3 中，文本组件之外的空白区域实际就是一个 Column 组件，这一点在组件树区能够清晰地看到，如图 3.1 所示。

图 3.1　文本组件之外的空白区域实际就是一个 Column 组件

在组件树区能够比较清晰地看到各个组件之间的关系，目前文本组件"Hello World"和"Hello Harmony"都是放在这个 Column 组件中竖直排列的。我们在 2.3 节中增加文本组件时，看到只会在原本的文本"Hello World"上方或下方出现一条绿线，就是因为它们是在一个竖直方向的布局组件中，新增的组件只能添加在目前已有组件的上方或下方。

在图 3.1 中还能看到目前这个 Column 组件的宽度和高度均为 100%，这就表示该组件在横向和纵向上都是占满整个页面的。如果将组件的高度改为 50%，那么这个 Column 组件就只会占据页面一半的区域，如图 3.2 所示。

图 3.2　将 Column 组件的高度改为 50%

此时 Column 组件中的文本组件也会相应地变化位置，可以看到文本组件"Hello World"和"Hello Harmony"在这个 Column 组件中竖直方向居中的位置，为什么是目前这样的显示效果？还需要看一下 Column 组件的特有属性，如图 3.3 所示。

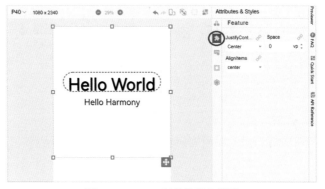

图 3.3　Column 组件的特有属性

在特有属性选项卡中只有 3 个属性，分别是 JustifyContent、Space 和 AlignItems。

其中 JustifyContent 属性用于设置元素在主轴方向上的排列位置[9]，这个属性的可选值有 Start、Center、End、SpaceBetween、SpaceAround 和 SpaceEvenly，如图 3.4 所示。

图 3.4　JustifyContent 属性的可选值

在图 3.3 中能看到此时该属性值为 Center，表示在主轴方向上居中。而 Start 表示在主轴方向上靠上方由上向下排列[10]，如果将该属性值设置为 Start，则页面显示效果如图 3.5 所示。

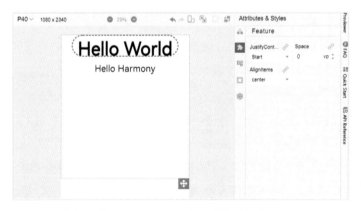

图 3.5　将 JustifyContent 属性的值设置为 Start

与 Start 相对的属性值是 End，表示在主轴方向上靠下方由上向下排列[11]，如果将属性值设置为 End，则页面显示效果如图 3.6 所示。

---

9　主轴方向即组件内元素默认的排列方向，对于 Column 组件来说，主轴方向就是竖直方向，而对于之后介绍的 Row 组件来说，主轴方向则是水平方向。

10　如果主轴方向为水平方向则表示靠左方由左向右排列。

11　如果主轴方向为水平方向则表示靠右方由左向右排列。

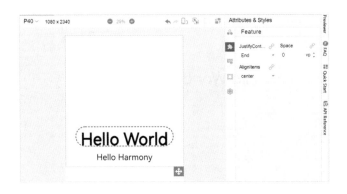

图 3.6　将 JustifyContent 属性的值设置为 End

　　SpaceBetween 表示元素在主轴方向上两边都顶头，中间用空白填充，如图 3.7 所示；SpaceAround 表示元素在主轴方向上均匀分布，如图 3.8 所示；SpaceEvenly 表示元素在主轴方向上等间隙分布，如图 3.9 所示。

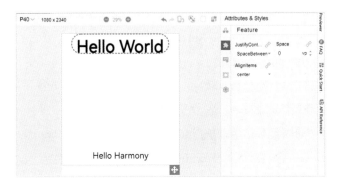

图 3.7　将 JustifyContent 属性的值设置为 SpaceBetween

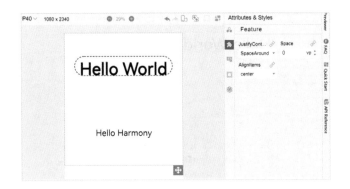

图 3.8　将 JustifyContent 属性的值设置为 SpaceAround

20

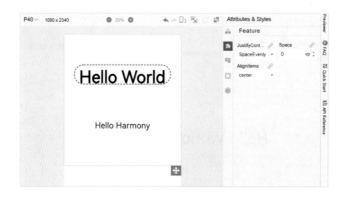

图 3.9 将 JustifyContent 属性的值设置为 SpaceEvenly

这里要注意，SpaceAround 和 SpaceEvenly 的显示效果非常像，不过两者是有区别的，SpaceAround 可以理解为按照元素的个数在竖直方向上分成若干格，每个元素都在一格中的居中位置，而 SpaceEvenly 可以理解为每个元素（包括第一个元素上方及最后一个元素下方）的间隙都是一样的。对于图 3.8 和图 3.9 来说，在图 3.8 中，文本组件"Hello World"和"Hello Harmony"的间隙是文本组件"Hello World"上方间隙的两倍，而在图 3.9 中，两个文本组件的间隙与文本组件"Hello World"上方的间隙是一样的。

下面将 JustifyContent 属性的值改回 Center，然后来看 Space 和 AlignItems 属性。Space 属性表示元素间的间隙，这个属性的功能有点像盒子模型中的边沿属性。

AlignItems 属性用于设置元素在主轴垂直方向上的对齐方式[12]，这个属性的值只有 3 个可选值，分别为 start（左对齐）、end（右对齐）和 center（居中）[13]，如图 3.10 所示。

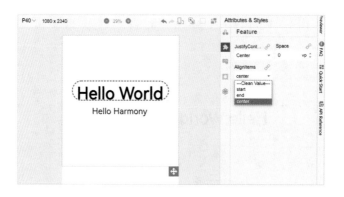

图 3.10 AlignItems 属性的可选值

如果将该属性值设置为 start，则页面显示效果如图 3.11 所示。

---

12 对于 Column 组件来说就是水平方向，而对于之后介绍的 Row 组件来说，则是竖直方向。

13 对于之后介绍的 Row 组件来说，则是 start（靠上对齐）、end（靠下对齐）和 center（居中）。

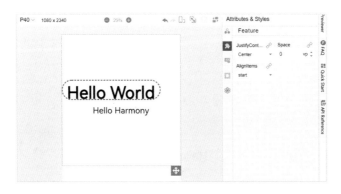

图 3.11 将 AlignItems 属性的值设置为 start

这里大家可能发现了，只有文本组件"Hello World"变成了左对齐，文本组件"Hello Harmony"还是居中对齐，这是因为在上一章中将"Hello Harmony"文本组件的宽度设置为100%（见图 2.14），因此对于文本组件"Hello Harmony"来说，组件本身就是顶着左侧的，而目前文本内容"Hello Harmony"属于在组件内居中。因此实际上界面的显示效果是一个整体综合布局的结果。

将 AlignItems 属性的值设置为 end 这里就不展示了。为了接下来的操作，还是将这个属性的值改回 center。

## 3.3 Row组件

了解了 Column 组件之后，再来看看 Row 组件。Row 组件是沿水平方向的布局组件，其在组件区中的图标为一个蓝色的方框，方框下面标注了 Row。

在组件区选中 Row 组件，然后将其拖曳到预览区 Column 组件的下方，如图 3.12 所示。此时在组件树区能够看到在 Column 组件下方增加了一个 Row 组件，而 Row 组件下方没有任何元素或组件。为了方便说明 Row 组件的属性，我们先来添加一些元素或组件。

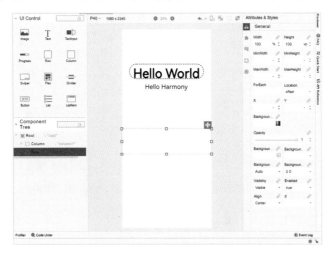

图 3.12 增加一个 Row 组件

在 Row 组件中添加一个文本组件，如图 3.13 所示。

设置文本组件的大小为 60vp×60vp，此时能够在组件树区看到这个新增的文本组件在 Row 组件中。

图 3.13　在 Row 组件中添加一个文本组件

然后将这个文本组件的内容设置为"A"，字体大小设置为 25fp，文本对齐方式设置为 Center（居中），如图 3.14 所示。

图 3.14　修改文本组件的属性

接下来，再添加一个文本组件，在拖曳文本组件时注意，此时在预览区中文本"A"的右侧会出现一条绿线，这表示新增的文本组件将被放在文本"A"的右侧，如图 3.15 所示。

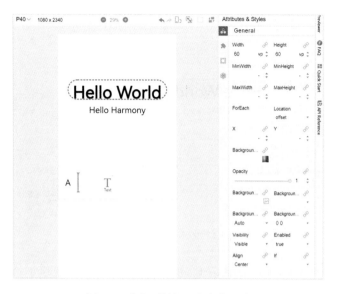

**图 3.15　准备再添加一个文本组件**

同样设置这个文本组件的大小为 60vp×60vp，然后将这个文本组件的内容设置为 "B"，字体大小设置为 25fp，文本对齐方式设置为 Center（居中），如图 3.16 所示。

**图 3.16　设置新添加文本组件的属性**

此时能看到这两个文本组件是靠左方从左向右排列的，为什么显示效果是这样的？还需要看一下 Row 组件的特有属性，如图 3.17 所示。

图 3.17 Row 组件的特有属性

与 Column 组件一样，在这个特有属性选项卡中也只有 JustifyContent、Space 和 AlignItems 这 3 个属性，这里就不具体介绍了。而此时 Row 组件的 JustifyContent 属性值为 Start，表示靠左方由左向右排列。如果将该属性值设置为 Center，则显示效果如图 3.18 所示。

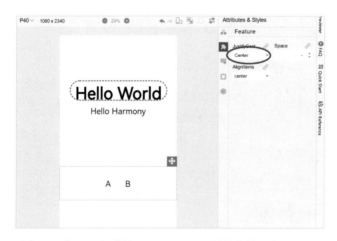

图 3.18 将 Row 组件的 JustifyContent 属性值设置为 Center

这里要额外说明一下，在布局组件中还可以添加别的布局组件，比如要将这个 Row 组件放到上面的 Column 组件中，则可以选中新添加的 Row 组件，然后按住鼠标左键，将其拖曳到 Column 组件中，如图 3.19 所示。

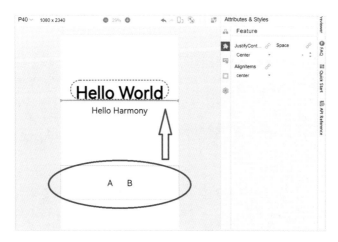

图 3.19　将 Row 组件放到 Column 组件中

当放置 Row 组件时，也可以通过出现的绿线来确定放置组件的位置，这里将 Row 组件放置在两个文本组件中间，如图 3.20 所示。

此时，在组件树区能够看到，Row 组件和两个文本组件是同一个层级的，即都在 Column 组件中，而文本组件"A"和"B"是在 Row 组件中的。

图 3.20　将 Row 组件放到两个文本组件中间

## 3.4 Flex组件

了解了 Column 组件和 Row 组件之后，下面来介绍第 3 种基本的布局组件——Flex 组件。Flex 是 Flexible Box 的缩写，意为"弹性盒子"，使用这个布局组件能够为盒状模型提供最大的灵活性。

在组件区选中 Flex 组件，然后将其拖曳到预览区 Column 组件的下方，这次直接查看 Flex 组件的特有属性，如图 3.21 所示。

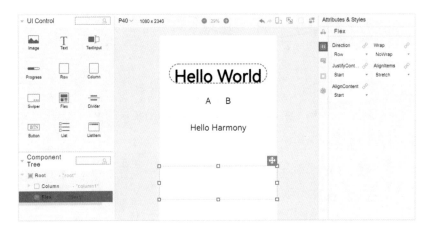

图 3.21　Flex 组件的特有属性

在图 3.21 中能够看到，Flex 组件中除了已经比较熟悉的 JustifyContent 和 AlignItems 属性之外，还有 3 个属性，分别为 Direction、Wrap 及 AlignContent。

其中 Direction 属性是灵活性的最大体现。该属性用于设置组件内元素的排列方向。Flex 组件与 Column 组件及 Row 组件的最大不同就是 Flex 组件允许灵活地设置主轴方向，其属性值有 4 个可选值，分别是 Row（沿水平主轴让元素从左向右水平排列）、Column（沿竖直主轴让元素从上到下竖直排列）、RowReverse（沿水平主轴让元素从右向左水平排列）及 ColumnReverse（沿竖直主轴让元素从下到上竖直排列）。默认情况下，属性值为 Row。

Wrap 属性用于设置组件内的元素是否换行（默认不换行），其属性值有 3 个可选值，分别是 NoWrap（不换行，比如 1 个组件宽度 100%，设置此属性，2 个组件的宽度就自动变成各 50%）、Wrap（换行，比如 1 个组件宽度为 100%，设置此属性，新添加的组件就在第 2 行）及 WrapReverse（换行，不过排列的方向与 Wrap 相反）。

现在在 Flex 组件中添加 3 个文本组件，文本内容分别为"C""D""E"，字体大小设置为 25fp，文本对齐方式设置为 Center（居中），文本组件的大小均设置为高 60vp、宽 50%，如图 3.22 所示。

**图 3.22　在 Flex 组件中添加 3 个文本组件**

此时，Wrap 属性的值为 NoWrap，因此这 3 个文本组件被排在了一行，如果将 Wrap 属性的值设置为 Wrap，则对应的显示效果如图 3.23 所示。

**图 3.23　将 Wrap 属性的值设置为 Wrap**

在图 3.23 中能看到文本组件"C"和"D"在同一行，而文本组件"E"换到了下一行。而如果将 Wrap 属性的值设置为 WrapReverse，则对应的显示效果如图 3.24 所示。

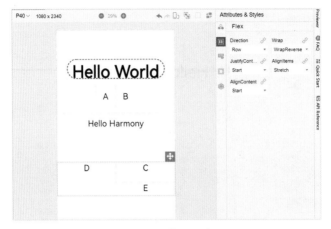

图 3.24 将 Wrap 属性的值设置为 WrapReverse

此时能看到文本组件"C"和"D"依然在同一行，但方向是从右向左，而文本组件"E"在下一行，也是从右侧开始排列的。

这里，文本组件"C"和"D"在同一行，是因为文本组件的宽度都是 50%，在一行内是能够放下这两个组件的，如果调整其中一个文本组件的宽度，将文本组件"C"的宽度调整为 60%，如图 3.25 所示，则由于一行排不下两个组件（50% + 60% > 100%），文本组件"D"就被换到了下一行。在下一行，文本组件"D"和"E"的宽度都是 50%，因此排在了同一行。如果之前调整的是文本组件"D"，将其宽度调整为 60%（注意这里文本组件"C"的宽度是 50%），则调整后的显示效果如图 3.26 所示。

图 3.25 将文本组件"C"的宽度调整为 60%

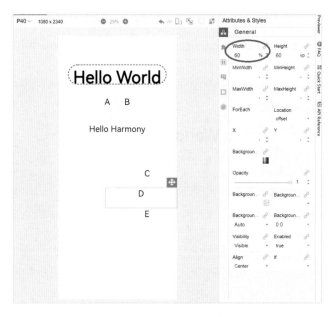

图 3.26　将文本组件 "D" 的宽度调整为 60%

AlignContent 属性用于设置显示多行内容时，不在主轴上的元素的对齐方式。该属性仅在 Wrap 属性为 Wrap 或 WrapReverse 下生效。这个属性的可选值与 JustifyContent 属性一样，有 Start、Center、End、SpaceBetween、SpaceAround 和 SpaceEvenly，如图 3.27 所示。

图 3.27　AlignContent 属性的可选值

从图 3.27 中可以看到 3 个文本组件在多行显示时是靠上方从上往下排列的，这是因为目前 AlignContent 属性的值为 Start[14]，如果将该属性值设置为 Center，则显示效果如图 3.28 所示。

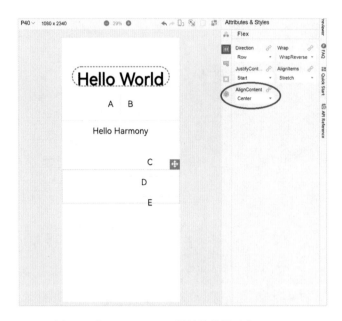

图 3.28 将 AlignContent 属性的值设置为 Center

此时能看到文本组件"D"变到 Flex 组件的中间，如果调整 Flex 组件的高度，那么各个属性值之间的差别显示得更明显。关于 Flex 组件的内容，本书就介绍这些，对于 AlignConten 属性的其他属性值，大家可以在调整 Flex 组件的高度后自己进行设置。

---

14 注意这里讨论的内容都是在 Direction 属性的值为 Row 的情况下。

# 第 4 章 按钮与弹窗组件

通过前几章的内容，大家已经对页面布局有了大概的了解。在开发应用的时候，一个页面的基本元素包含标题区域、文本区域、图片区域等，每个基本元素内还可以包含多个元素或组件，开发者根据需求再添加按钮、开关、进度条等组件。所有元素或组件通过布局组件摆放在界面中适当的位置。前面说过，实际上界面的显示效果是一个整体综合布局的结果。因此在设计界面时，将页面中的元素分解之后再按顺序实现每个基本元素，能够有效减少多层嵌套造成的视觉混乱和逻辑混乱。

对于布局组件的使用，随着开发项目的增多，大家会有更多的体会。在前面的内容中，我们实际用到的能显示内容的只有文本组件，为了让界面中的元素更丰富，本章将介绍另一个非常重要的交互组件——按钮组件。

## 4.1 按钮组件

首先将界面恢复到图 2.14 所示的状态，即删掉新增的 Row 组件和 Flex 组件，然后将 Column 组件的高度设置为 100%。

然后在组件区选中名为 Button 的按钮组件，将其拖曳到预览区文本组件"Hello Harmony"的下方，如图 4.1 所示。

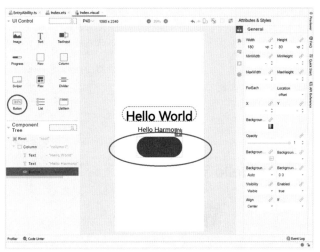

图 4.1 新增按钮组件

通常大家见到的按钮上会有一些提示字符，而目前这个组件上什么都没有，如果想在这个按钮组件上显示一些内容，还需要通过设定属性区的特有属性来实现，如图 4.2 所示。

　　这个特有属性选项卡中的最后一项"Label"就是用来设置按钮组件中显示内容的，这里输入了"确定"，此时能看到在预览区的按钮上就出现了文本"确定"。

图 4.2　按钮组件的特有属性

　　按钮组件的特有属性除了能设置组件上的显示内容之外，还能设置显示文本的字体大小、字体颜色及字体样式，设置按钮的样式（Type 属性）及是否开启点击效果（StateEffect 属性）。StateEffect 属性比较好理解，而按钮的样式有 3 个可选项，分别为 Normal（普通矩形按钮）、Capsule（胶囊形按钮，圆角半径默认为高度的一半）和 Circle（圆形按钮），如图 4.3 所示。

图 4.3　不同的按钮样式

普通矩形按钮比较好理解。图 4.2 所示的按钮就是胶囊形按钮[15]；而在图 4.3 中，则切换成了圆形按钮[16]。

## 4.2 控制台输出

添加了按钮之后，下面就要为按钮增加一些响应的功能了。这需要切换到 ArkTS 代码的部分，因此切换到对应的 .ets 文件。

点开应用工程结构中的 ets 文件夹，其中有一个 pages 文件夹，而 pages 文件夹中包含了一个与 Index.visual 文件相对应的 Index.ets 文件[17]。选中 Index.ets 文件后，开发环境显示内容如图 4.4 所示。

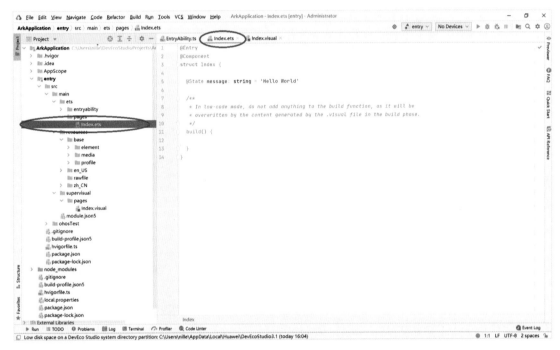

图 4.4　选中 Index.ets 文件

Index.ets 文件内容如下。

```
@Entry
@Component
struct Index {
```

---

15　如果想添加一个带圆角但又不是 Capsule 样式的按钮，那么可以在样式为 Normal 的前提下，通过设置盒体框半径属性的方法来实现。

16　圆形按钮的大小取决于组件宽度和高度的最小值。

17　实际上应该是 Index.visual 文件对应 Index.ets 文件，因为可视化界面设计文件 Index.visual 不是必需的，不采用低代码开发形式，通过 ArkTS 代码的形式，一个 .ets 文件就能够实现整个页面的布局和交互。

```
@State message: string = 'Hello World'
/**
 * In low-code mode, do not add anything to the build function, as it will be
 * overwritten by the content generated by the .visual file in the build phase.
 */
build() {

  }
}
```

这段代码中有一段注释（"/*"和"*/"之间的部分），这段注释是说在低代码模式（low-code mode）下，我们不用编写 build() 函数中的内容，build() 函数最终会由可视化界面设计文件 .visual 文件生成的内容替代。

介绍了注释的内容后，下面来简单解释一下整段代码。

这段代码是自动生成的组件化的 struct（结构），形式如下。

```
@Entry
@Component
struct Index {
}
```

符号 @ 带着一个名称的部分称为装饰器，@Entry 修饰的组件表示该组件是页面的根节点（可以结合《鸿蒙应用开发入门》中 JavaScript 的内容来理解）。需要注意的是，一个页面有且仅能有一个 @Entry，只有被 @Entry 修饰的组件或者其子组件才会在页面上显示。装饰器 @Component 是组件化的标志，用 @Component 修饰的 struct 表示这个结构体有了组件化的能力，通过 @Component 装饰的组件称为自定义组件。@Component 和 @Entry 都是基础且重要的装饰器，给被装饰的对象赋予某一种能力，@Entry 赋予页面入口的能力，@Component 赋予组件化能力。

struct 中的内容实际上就是页面 Index 的描述和交互代码，这个 struct 遵循 Builder 接口声明，因此需要在 build() 函数中声明当前页面的布局和组件，不过由于目前采用的是低代码模式，我们不用编写 build() 函数中的内容，这部分内容最终会由可视化界面设计文件生成的内容替代。

除了 build() 函数，这段代码在 struct 中还定义了一个属性变量 message，message 的类型为字符串类型（string），对应的值为 "Hello World"，而使用 @State 修饰的属性变量值发生变化时，页面会根据该属性的值刷新界面。

对于目前 Index.ets 文件中内容就解释到这里，下面接着为按钮增加一些响应的功能。最简单的响应就是实现在控制台输出信息。实现控制台输出在调试项目时是非常有用的。

响应按钮事件是通过函数实现的，因此可以在 struct 中增加一个函数，比如函数名为 btnClick()，而函数的功能是在控制台输出信息，因此函数的内容如下。

```
console.log('button onClick');
```

新的 Index.ets 文件内容如下。

```
@Entry
@Component
struct Index {
  @State message: string = 'Hello World'
  btnClick()
  {
    console.log('button onClick');
  }
  /**
   * In low-code mode, do not add anything to the build function, as it will be
   * overwritten by the content generated by the .visual file in the build phase.
   */
  build() {
  }
}
```

代码添加好之后，为了让按钮与函数对应起来，需要切回到可视化的页面设计界面，如图 4.5
所示。

选中按钮组件，然后在右侧的属性区中，选择第 3 项事件相关属性图标[18]（见图 4.5 中红圈的
位置）。目前这些事件属性中包括 OnClick（点击事件）、OnTouch（触摸事件）、OnAppear（组
件显示事件）、OnDisappear（组件隐藏事件）、OnKeyEvent（键盘事件）及 OnAreaChange（区
域变化事件）。

图 4.5 在可视化的页面设计界面选中按钮

---

18 所有的组件都会有这个事件相关属性的图标。

这里我们希望当点击按钮时，控制台能够输出信息，因此要将新增的函数与按钮的 OnClick 事件对应起来。单击 OnClick 事件后面的输入框，此时会出现在 .ets 文件中新增的函数[19]，如图 4.6 所示。

图 4.6 单击 OnClick 事件后面的输入框

选择这个函数[20]，这样按钮的点击事件就和函数关联起来了。

接下来，需要验证一下点击按钮时，在控制台是否能够正常输出信息。

验证代码是否正常运行，在预览区就实现不了了，这需要借助 DevEco Studio 中的模拟运行功能。通过这个功能能够很方便地查看应用的运行效果。要想运行现有的程序，只需单击菜单栏 "View" 中的 "Tool Windows"，在展开的子菜单中单击 "Previewer"，如图 4.7 所示。

图 4.7 单击 "Previewer" 模拟运行程序

---

19 这里只出现一个函数是因为此时在 .ets 文件中只有一个函数。

20 显示的函数名为 this 加 "点" 运算符再加之前写的函数名。

程序模拟运行窗口默认在软件界面的右侧，效果如图 4.8 所示。

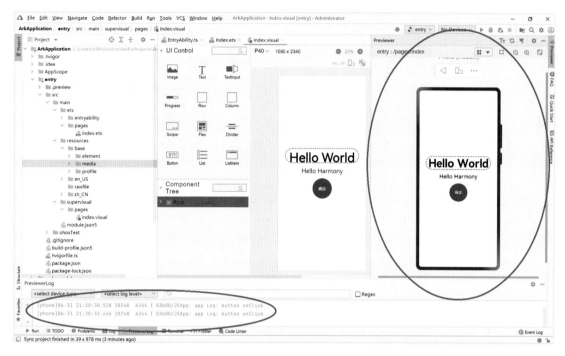

图 4.8　程序模拟运行窗口

在图 4.8 中注意界面预览区的显示与程序模拟运行窗口中显示的不同，在程序模拟运行窗口中，是看不到盒子模型外框的，点击按钮的时候能看到点击效果[21]。

此时，点击界面中的"确定"按钮，就会在软件界面下方的 PreviewerLog 小窗口中出现"button onClick"的信息（见图 4.8 的下方）。这就说明我们实现了通过按钮在控制台中输出信息的功能。

## 4.3　警告弹窗

实现了在控制台正常输出信息之后，下面来介绍一种基本的弹窗——警告弹窗。

如果要弹出警告弹窗，那么要使用 AlertDialog 对象的 show() 方法。该方法的参数是一个字典，具体说明见表 4.1。

---

21　因为之前按钮组件的 StateEffect 属性值设置为 true。

表 4.1 AlertDialog 对象的 show() 方法的参数

| 参数名 | 说明 | 是否必填 | 默认值 |
| --- | --- | --- | --- |
| title | 弹窗上显示的标题 | 是 | — |
| message | 弹窗上显示的内容 | 是 | — |
| autoCancel | 点击弹窗之外的区域时是否关闭弹窗 | 否 | true |
| confirm | 确认按钮的参数，参数是一个字典，包括确认按钮的文本内容、文本颜色、按钮背景色，以及点击回调函数，具体内容为<br><br>{<br>value: string,<br>fontColor: Color,<br>backgroundColor: Color,<br>action: () => void<br>} | 否 | — |
| cancel | 点击弹窗之外的区域关闭弹窗时的回调函数 | 否 | — |
| alignment | 弹窗在竖直方向上的对齐方式 | 否 | DialogAlignment.Default |
| offset | 弹窗相对 alignment 所在位置的偏移量 | 否 | — |
| gridCount | 弹窗宽度所占用栅格数 | 否 | — |

这些参数中 title 和 message 是必需的，依照以上参数说明，可以将之前代码中的

```
console.log('button onClick');
```

替换为

```
AlertDialog.show(
  {
    title: '警告弹窗',
    message: '你点击了第一个按钮'
  }
)
```

此时的 Index.ets 文件内容如下。

```
@Entry
@Component
struct Index {
  @State message: string = 'Hello World'
```

```
btnClick()
{
  AlertDialog.show(
    {
      title: '警告弹窗',
      message: '你点击了一个按钮'
    }
  )
}
/**
 * In low-code mode, do not add anything to the build function, as it will be
 * overwritten by the content generated by the .visual file in the build phase.
 */
build() {
}
}
```

　　这里简单地设定弹窗的标题为"警告弹窗"，弹窗上显示的信息为"你点击了一个按钮"。模拟运行程序，对应界面的效果如图 4.9 所示。

**图 4.9　显示一个简单的警告弹窗**

　　我们没有在这个弹窗上设定任何按钮，我们可以点击弹窗之外的任何区域消除弹窗。

　　如果希望在弹窗上显示按钮，可以修改 AlertDialog 对象的 show() 方法如下。

```
AlertDialog.show(
  {
    title: '警告弹窗',
    message: '你点击了一个按钮',
```

```
  confirm: {
    value: '确定',
    action: () => {
      console.info('Button-clicking callback')
    }
  }
}
)
```

这里设定的按钮上显示的内容为"确定"，并设定了点击按钮后的回调函数，我们是通过声明的方式来实现这个回调函数的，声明方式的形式如下。

```
函数名：() => {
  函数功能实现代码
}
```

回调函数实现的功能是在控制台显示一行信息 "Button-clicking callback"。

模拟运行程序，对应界面的效果如图 4.10 所示。

**图 4.10 显示一个带确认按钮的警告弹窗**

此时能看到在弹窗中有一个蓝色的"确定"，这就是默认的确认按钮。而当点击"确定"按钮关闭弹窗时，相应地就会在控制台显示一行信息。

这里要注意，此时当我们点击弹窗之外的区域消除弹窗的时候，在控制台是不会显示信息的，这是因为对于警告弹窗来说，点击确认按钮消除弹窗和点击弹窗之外的区域消除弹窗是两个不同的操作，可以将 AlertDialog 对象的 show() 方法修改如下。

```
AlertDialog.show(
  {
    title: '警告弹窗',
```

```
    message: '你点击了一个按钮',
    confirm: {
      value: '确定',
      action: () => {
        console.info( 'Button-clicking callback ')
      }
    },
    cancel: () => {
      console.info( 'Closed callbacks ')
    }
  }
)
```

修改的代码中通过声明的方式增加了点击弹窗之外的区域关闭弹窗时的回调函数，具体实现的功能是在控制台显示一行信息 "Closed callbacks"。

模拟运行程序，分别尝试点击确认按钮消除弹窗和点击弹窗之外的区域消除弹窗，会看到在控制台中显示的信息不同，这说明对于不同的消除弹窗形式，处理的函数是不同的。如果不希望点击弹窗之外的区域消除弹窗，那么可以设定 autoCancel 参数的值为 false[22]。

## 4.4　通过按钮组件改变组件属性

实现了警告弹窗之后，本节我们尝试通过按钮来改变组件的属性。

在 4.2 节中介绍了在 Index.ets 文件中定义了一个属性变量 message，那么这个变量用在了哪里呢？还记得 message 变量的值吗？"Hello World"。我们就从文本组件 "Hello World" 上下手吧。

回到可视化页面设计界面，选择文本组件 "Hello World"，然后查看其特有属性，如图 4.11 所示。

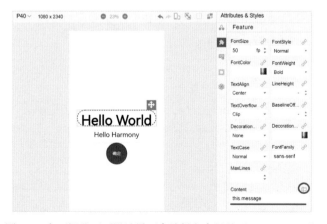

**图 4.11　在可视化页面设计界面中选择文本组件 "Hello World"**

---

22　注意当设定 autoCancel 参数的值为 false 时，如果没有设定确认按钮，那么就无法关闭弹窗了。

注意看这里文本组件的内容属性，在之前设置文本组件"Hello Harmony"的内容时，是直接在属性值中输入文本内容（见图 2.11）。而这里是类似于设置事件函数的形式，这种形式就表示此时的文本组件内容是一个变量，变量名为 message。图 4.11 中的红色圆圈所示是一个切换按钮，可以切换属性值的赋值形式（可以和图 2.11 中对应的位置对比一下）。此时，当单击下方的文本输入框时，就会弹出可选的变量名，如图 4.12 所示。

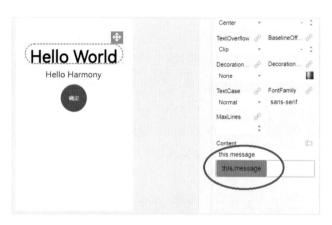

图 4.12 当单击属性的文本输入框时，会弹出可选的变量名

确认了属性变量 message 的作用之后，下面就来尝试通过按钮组件来改变文本组件的这个属性值。在 Index.ets 文件的 btnClick() 函数中输入以下代码。

```
if(this.message == "Hello World")
  this.message = "Hello China";
else
  this.message = "Hello World";
```

这段代码的功能是切换 message 的值，如果 message 的值为"Hello World"，则将其变为"Hello China"，否则就变为"Hello World"。

除此之外，我们在警告弹窗代码中也稍作修改。

```
AlertDialog.show(
  {
    title: '警告弹窗',
    message: "文本现在变成了"+this.message,
    confirm: {
      value: '确定',
      action: () => {
        console.info('Button-clicking callback')
      }
    },
```

```
      cancel: () => {
        console.info('Closed callbacks')
      }
    }
  }
)
```

修改的地方是在警告窗口显示的消息中提示我们文本已经改变了。

此时的 Index.ets 文件内容如下。

```
@Entry
@Component
struct Index {

  @State message: string = 'Hello World'

  btnClick()
  {
    if(this.message == "Hello World")
      this.message = "Hello China";
    else
      this.message = "Hello World";

    AlertDialog.show(
      {
        title: '警告弹窗',
        message: "文本现在变成了"+this.message,
        confirm: {
          value: '确定',
          action: () => {
            console.info('Button-clicking callback')
          }
        },
        cancel: () => {
          console.info('Closed callbacks')
        }
      }
    )
  }
  /**
   * In low-code mode, do not add anything to the build function, as it will be
   * overwritten by the content generated by the .visual file in the build phase.
```

```
    */
    build() {

    }
}
```

    模拟运行程序，此时点击按钮，弹窗中的提示信息为"文本现在变成了 Hello China"，如图 4.13 所示。同时当消除弹窗后，能看到第一个文本组件显示的内容也变成了"Hello China"，如图 4.14 所示。

图 4.13  弹窗中的提示信息为"文本现在变成了 Hello China"

图 4.14  第一个文本组件显示的内容变成了"Hello China"

　　然后，当再次点击按钮时，弹窗中的提示信息变成了"文本现在变成了 Hello World"。同时当消除弹窗后，能看到第一个文本组件显示的内容又变回了"Hello World"。

　　这样用 @State 修饰的属性变量，就实现了通过交互改变组件属性值的操作。类似地还能更改其他组件的其他属性，大家可以自己尝试一下。

## 4.5 列表选择弹窗

　　本节将介绍另一个基本的弹窗——列表选择弹窗。

　　如果要弹出列表选择弹窗，则要使用 ActionSheet 对象的 show() 方法。该方法的参数也是一个字典，具体说明见表 4.2。

表 4.2　ActionSheet 对象的 show() 方法的参数

| 参数名 | 说明 | 是否必填 | 默认值 |
| --- | --- | --- | --- |
| title | 弹窗上显示的标题 | 是 | — |
| message | 弹窗上显示的内容信息 | 是 | — |
| autoCancel | 点击弹窗之外的区域时是否关闭弹窗 | 否 | true |
| confirm | 确认按钮的参数，参数是一个字典，包括确认按钮的文本内容，以及点击回调函数，具体内容为<br><br>{<br>value: string,<br>action: () => void<br>} | 否 | — |
| cancel | 点击弹窗之外的区域关闭弹窗时的回调函数 | 否 | — |
| alignment | 弹窗在竖直方向上的对齐方式 | 否 | DialogAlignment.Default |
| offset | 弹窗相对 alignment 所在位置的偏移量 | 否 | — |
| sheets | 包含选项内容的列表，列表中每个选择项是一个字典，包括设置的图片、文本和选中的回调函数 | 是 | — |

　　这些参数中 title、message 及 sheets 是必需的，依照以上参数说明，将 Index.ets 文件内容修改如下。

```
@Entry
@Component
struct Index {
  @State message: string = 'Hello World'
```

```
btnClick()
{
  ActionSheet.show(
    {
      title: '列表选择弹窗',
      message: '请选择以下列表中的一项',

      sheets: [
        {
          title: 'Java',
          action: () => {
            this.message = "Hello Java";
          }
        },

        {
          title: 'JavaScript',
          action: () => {
            this.message = 'JavaScript';
          }
        },

        {
          title: 'ArkTS',
          action: () => {
            this.message = "Hello ArkTS";
          }
        }
      ]
    }
  )
}
/**
 * In low-code mode, do not add anything to the build function, as it will be
 * overwritten by the content generated by the .visual file in the build phase.
 */
build() {

}
}
```

　　这里注意参数 sheets 的值是一个列表。这段代码中设定弹窗的标题为"列表选择弹窗",弹窗上显示的信息为"请选择以下列表中的一项",选项内容的列表中我们设置了 3 项,分别是"Java""JavaScript"和"ArkTS",点击每一项都会执行对应的回调函数,而这里回调函数中执行的操作是改变属性变量 message 的值。

　　模拟运行程序,当点击按钮时,对应界面的显示如图 4.15 所示。

图 4.15　显示列表选择弹窗

　　在这个列表选择弹窗中,我们选择一项,然后程序就会改变属性变量 message 的值,最后更改界面中的文本显示内容,这个操作和之前改变组件属性的操作类似,假如选择了 ArkTS,则此时的界面如图 4.16 所示。

图 4.16　选择 ArkTS,则界面中的文本变成"Hello ArkTS"

至此，按钮和弹窗的内容就介绍完了。

## 4.6 组件特有属性小节

本章主要介绍的是按钮组件，因此最后罗列一下按钮组件的特有属性，如图4.17和表4.3所示。

图 4.17 按钮组件的特有属性

表 4.3 按钮组件的特有属性

| 参数名 | 说明 |
| --- | --- |
| FontSize | 字体大小 |
| FontStyle | 文本正斜体 |
| FontColor | 文本颜色 |
| FontWeight | 文本加粗 |
| FontFamily | 文本字体 |
| Type | 按钮的样式 |
| StateEffect | 是否开启点击效果 |
| Label | 按钮上显示的文本内容 |

# 第 5 章 界面跳转

了解了按钮组件的内容之后，本章将继续利用按钮组件来实现两个界面的跳转。

## 5.1 创建新页面

要实现两个页面的跳转，第一步需要再创建一个页面。在DevEco Studio 中，创建页面非常简单，只要在 ets 文件夹下的 pages 文件夹或 Index.ets 文件上单击鼠标右键，在弹出的菜单中选择"New"，然后在 New 的子菜单中单击"Page"或"Visual"即可，如图 5.1 所示。

图 5.1 新建页面

这里要注意，如果选择的是"Page"，那么只会新建一个 .ets 文件，然后需要在这个 .ets 文件中通过文本代码实现页面的布局与交互。而如果新创建的页面也希望采用低代码开发的形式，那么就需要选择"Visual"。

选择"Visual"后会弹出一个图 5.2 所示的对话框。

50　鸿蒙应用低代码开发

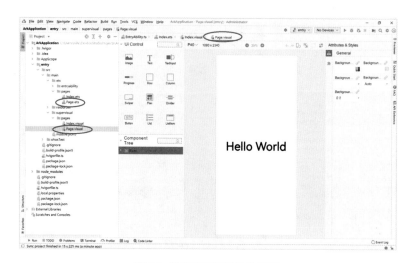

图 5.2　新建页面的对话框

　　这个对话框非常简单，只要输入页面的名字即可（语言只有一项——ArkTS），这里新的页面就叫 Page。

　　接着单击对话框右下角的"Finish"按钮，这样 DevEco Studio 就开始帮我们创建页面了。

　　等待一段非常短的时间之后，新的页面创建完成。此时在 DevEco Studio 中会默认打开新建页面的 .visual 文件，这里为 Page.visual 文件，这个页面中间依然有一个文本组件"Hello World"，如图 5.3 所示。

图 5.3　新建页面后的软件界面

　　此时再来看图 5.3 中的应用工程结构，新建的页面名称为 Page，所以在 ets 文件夹下的 pages 文件夹中新增了一个 Page.ets 的文件，同时在 supervisual 文件夹下的 pages 文件夹中新增了一个 Page.visual 的文件。

## 5.2 在新页面添加组件

新页面创建完成之后，第二步是在新页面中添加一些组件。

我们要实现的功能是当点击图 4.16 所示第一个页面的"确定"按钮时，跳转到这个新建的页面，第二个页面左上角有一个返回按钮，点击这个返回按钮则回到第一个页面。

为了实现这样的布局，需要使用布局组件的嵌套来规划整个界面。可以在界面上方的区域放置一个 Row 组件，下方的大片区域放置一个 Column 组件。

为此，我们先调整新页面中 Column 组件的大小，将高度调整为 90%，如图 5.4 所示。

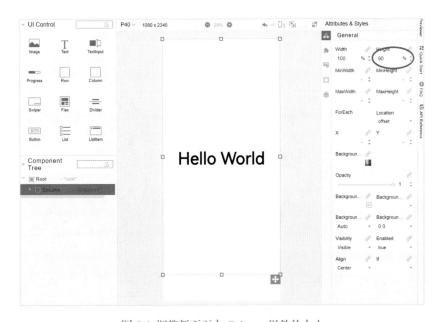

**图 5.4　调整新页面中 Column 组件的大小**

接着在 Column 组件上方放置一个 Row 组件（注意绿线的位置一定是在整个 Column 组件的上方，而不是在 Column 组件内），组件高度为 10%，注意组件树区的显示，如图 5.5、图 5.6 所示。

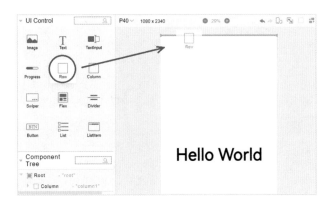

**图 5.5　拖曳一个 Row 组件放置在 Column 组件上方**

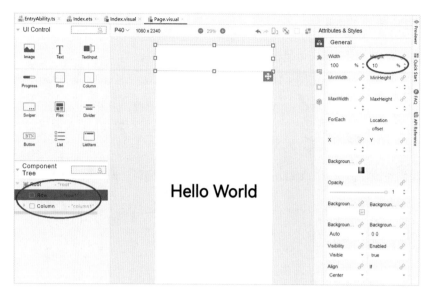

图 5.6 Row 组件高度为 10%

然后在 Row 组件中放置一个按钮组件，尺寸为 100vp × 50vp，如图 5.7 所示。

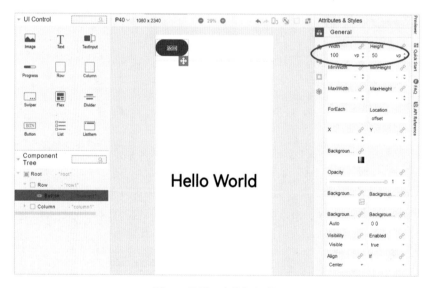

图 5.7 放置一个按钮组件

Row 组件在水平方向上默认是靠左排列的，所以添加的按钮组件位于页面的左上角。这样这个简单的页面就完成了。

## 5.3 页面路由

下面进行第三步，实现页面跳转，也称为页面路由。

先来实现由图 4.16 所示的第一个页面跳转到新建的页面，页面路由要先导入 router 模块，打开 Index.ets 文件，在文件的开头输入如下代码。

```
import router from "@ohos.router "
```

然后在 btnClick() 函数中调用 router.push() 实现跳转，代码如下。

```
btnClick()
{
  router.push({
    url: 'pages/Page',
  });
}
```

router.push() 的参数是一个字典，字典中有一项为 url，页面路由 router 会根据页面的 url 找到目标页面，从而实现跳转，而 url 就是页面的目录，即 pages / Page。

此时 Index.ets 文件内容如下。

```
import router from '@ohos.router'


@Entry
@Component
struct Index {

  @State message: string = 'Hello World'

  btnClick()
  {
    router.push({
      url: 'pages/Page',
    });
  }
  /**
   * In low-code mode, do not add anything to the build function, as it will be
   * overwritten by the content generated by the .visual file in the build phase.
   */
  build() {

  }
}
```

> **注意**：这段代码中已经删掉了列表选择弹窗部分的代码。

模拟运行程序，此时点击按钮，就会切换到新建的页面，如图 5.8 所示。

图 5.8 通过按钮跳转到新的页面

由于还没有为新建页面中的按钮关联代码，点击"返回"按钮是没有任何效果的，不过在模拟运行界面中的"手机"上方，有一个回退按钮（见图 5.8 中红圈的位置），点击这个按钮是能够返回上一个页面的。

新建页面中的代码与 Index.ets 中的类似，只是 router.push() 中的 url 不同而已，按照这个思路，Page.ets 文件中的代码如下。

```
import router from '@ohos.router'

@Entry
@Component
struct Page {
  @State message: string = 'Hello World'

  btnClick() {
    router.push({
      url: 'pages/Index',
    });
  }
  /**
   * In low-code mode, do not add anything to the build function, as it will be
   * overwritten by the content generated by the .visual file in the build phase.
   */
  build() {

  }
}
```

这里依然使用函数名 btnClick。

要实现页面跳转，只是完成代码还不行，还要将 btnClick() 函数与按钮组件的事件关联起来，参考 4.2 节中的操作，切换到 Page.visual 文件，如图 5.9 所示。

选中按钮组件，然后在右侧的属性区中选择第 3 项事件相关属性图标。接着单击 OnClick 事件后面的输入框，选择 this.btnClick，这样就完成了按钮的点击事件和函数的关联。

图 5.9　切换到 Page.visual 文件

再次模拟运行程序，此时就能通过按钮在两个页面中切换了。

这里再说明一下，如果只是回退操作，还可以调用 router.back() 直接回到上一个页面中，使用 router.back() 后，Page.ets 文件中的代码如下。

```
import router from '@ohos.router'

@Entry
@Component
struct Page {
  @State message: string = 'Hello World'

  btnClick() {
    router.back() ;
  }
  /**
   * In low-code mode, do not add anything to the build function, as it will be
   * overwritten by the content generated by the .visual file in the build phase.
   */
```

```
  build() {

  }
}
```

## 5.4 传递参数

实现页面跳转之后，我们再来看看如何在页面跳转时传递参数，这一点非常重要，因为我们使用的绝大多数应用中，跳转之后页面显示的内容不同，主要就是因为传递的参数不同，新打开的页面实际上是依据不同的参数加载不同的显示内容的。

要实现传递参数，只需要在调用 router.push() 时添加一个关键字为 params 的参数即可，形式如下。

```
router.push({
  url: 'pages/Index',
  params: {
    data1: 'message',
    data2: {
      data3: [11, 22, 33]
    },
  },
});
```

这个参数的值也是一个字典，在字典中可以通过不同的关键字来指示不同的内容。假设这里只传递一个字符串"Hello Harmony"，则 Index.ets 文件中可以写为如下代码。

```
import router from '@ohos.router'

@Entry
@Component
struct Index {

  @State message: string = 'Hello World'

  btnClick()
  {
    router.push({
      url: 'pages/Page',
      params: {
        data: 'Hello Harmony',
      }
```

```
    });
  }
  /**
   * In low-code mode, do not add anything to the build function, as it will be
   * overwritten by the content generated by the .visual file in the build phase.
   */
  build() {

  }
}
```

为了验证数据是否正确地传递给了页面 Page，我们还需要接收数据并显示或输出。接收数据需要用到 router 的 getParams() 方法。该方法返回的是关键字 params 对应的字典，因此如果我们希望获取其中的某一项，需要通过参数中的关键字将具体的内容取出来。

输出信息最简单的方式还是通过控制台，这里我们创建一个新的函数 showPage()，在这个函数中将收到的数据输出到控制台中，函数如下。

```
showPage(){
  console.log(router.getParams()['data']);
}
```

这个函数要关联到 Column 组件的 OnAppear 事件上，即显示 Column 组件的时候运行。

切换到 Page.visual 文件，并选中 Column 组件，如图 5.10 所示。

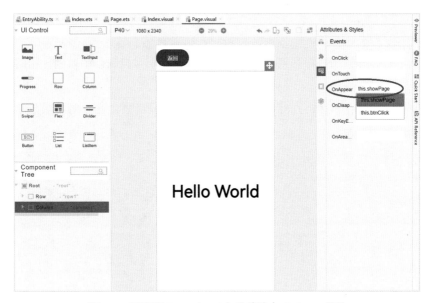

图 5.10 切换到 Page.visual 文件并选中 Column 组件

然后在右侧的属性区中选择第 3 项事件相关属性图标。接着单击 OnAppear 事件后面的输入框，选择 this.showPage。此时 Page.ets 文件中的代码如下。

```
import router from '@ohos.router'

@Entry
@Component
struct Page {
  @State message: string = 'Hello World'

  showPage(){
    console.log(router.getParams()['data']);
  }

  btnClick() {
    router.back() ;
  }
  /**
   * In low-code mode, do not add anything to the build function, as it will be
   * overwritten by the content generated by the .visual file in the build phase.
   */
  build() {

  }
}
```

模拟运行程序，当点击按钮切换到新建的页面时，就能在控制台中看到输出的信息"Hello Harmony"。

除了在控制台中输出，还可以取出发送过来的字符串赋值给属性变量 message，这种情况下 Page.ets 文件中的代码如下。

```
import router from '@ohos.router'

@Entry
@Component
struct Page {
  @State message: string = router.getParams()['data']
  showPage(){
    console.log(router.getParams()['data']);
  }
```

```
btnClick() {
  router.back() ;
}
/**
 * In low-code mode, do not add anything to the build function, as it will be
 * overwritten by the content generated by the .visual file in the build phase.
 */
build() {
}
}
```

　　模拟运行程序，当点击按钮切换到新建页面时，就能看到新页面中间文本组件的内容变成了 "Hello Harmony"，如图 5.11 所示，这正是上一个页面传递过来的数据 [23]。

图 5.11　新页面中间文本组件的内容变成了 "Hello Harmony"

## 5.5　传递变量

　　上一节中页面跳转时传递的是一个固定的值，但在实际情况中，传递的通常是一个变量的值，那么本节就来实现传递变量的功能。

　　这里的示例是结合列表选择弹窗，在第一个页面中我们放置两个按钮组件，一个按钮组件会弹出列表选择弹窗，另一个按钮组件实现页面跳转，跳转时传递的参数是由列表选择弹窗中选择的内容决定的。

　　先来调整第一个页面的布局。

　　由于要再添加一个按钮组件，这里先在之前按钮组件的下方放置一个 Row 组件，Row 组件的 JustifyContent 属性设置为 SpaceEvenly，如图 5.12 所示。

---

23　这里能够在页面中显示传递过来的参数是因为和 4.4 节介绍的一样，新页面中文本组件的内容是由属性变量 message 决定的。

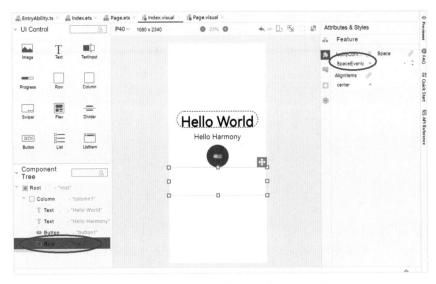

图 5.12 在第一个页面中添加一个 Row 组件

接着在 Row 组件中放置一个新的按钮组件，同时将目前页面中的按钮组件拖曳到 Row 组件中，如图 5.13 所示。注意观察组件树区中的变化。

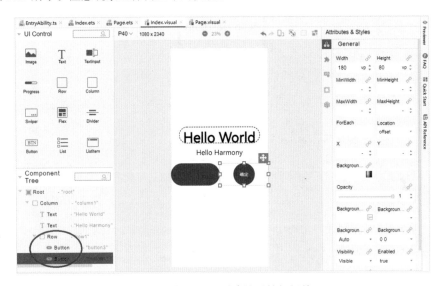

图 5.13 在 Row 组件中放置按钮组件

然后调整按钮的大小和样式，将两个按钮组件的大小均调整为 100vp×50vp，类型都调整为 Capsule，第一个按钮组件上显示的文本设定为"选择"，如图 5.14 所示。

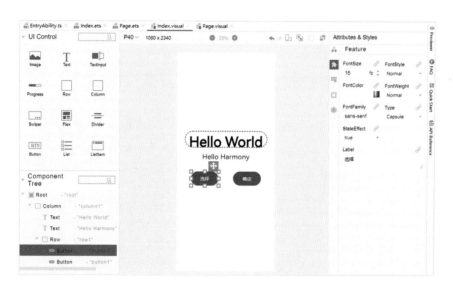

**图 5.14　调整按钮的大小和样式**

这样页面的布局就调整完了，接下来修改代码。这里要嵌入列表选择弹窗的代码，我们新建一个函数 SelectBtn()，同时在页面跳转时传递的数据也由之前确定不变的字符串"Hello Harmony"变成属性变量 message。修改完成后 Index.ets 文件内容如下。

```
import router from '@ohos.router'


@Entry
@Component
struct Index {

  @State message: string = 'Hello World'
  SelectBtn() {
   ActionSheet.show(
     {
        title: '列表选择弹窗',
        message: '请选择以下列表中的一项',

        sheets: [
          {
            title: 'Java',
            action: () => {
              this.message = "Hello Java";
            }
```

```
        },

        {
          title: 'JavaScript',
          action: () => {
            this.message = 'JavaScript';
          }
        },

        {
          title: 'ArkTS',
          action: () => {
            this.message = "Hello ArkTS";
          }
        }
      ]
    }
  )
}

btnClick()
{
  router.push({
    url: 'pages/Page',
    params: {
      data: this.message,
    }
  });
}
/**
 * In low-code mode, do not add anything to the build function, as it will be
 * overwritten by the content generated by the .visual file in the build phase.
 */
build() {

}
}
```

最后切换到 Index.visual 文件，如图 5.15 所示。

选中 "选择" 按钮组件，然后在右侧的属性区中选择第 3 项事件相关属性图标。接着单击 OnClick 事件后面的输入框，选择 this.SelectBtn，完成了按钮的点击事件和函数的关联。

图 5.15　切换到 Index.visual 文件

再次模拟运行程序，这次可以首先通过列表选择弹窗选择 "Java" "JavaScript" 和 "ArkTS" 中的一项，注意此时第一个页面中文本组件的内容也会变化，假如选择的是 "ArkTS"，则弹窗消除后页面显示如图 5.16 所示。

图 5.16　通过列表选择弹窗选择 "ArkTS"

然后再次点击"确定"按钮跳转到下一页时，就会看到"Hello ArkTS"也传递过来了，如图
5.17 所示。注意此时在控制台中也显示了信息"Hello ArkTS"。

图 5.17  传递了新的信息到新的页面中

这里我们选择了列表选择弹窗中的"ArkTS"，大家可以试试选择其他的选项。关于页面跳
转的内容本书就介绍这些。

# 第6章 图片与进度条组件

使用了文本组件、按钮组件这些非容器组件之后，本章我们接着来了解图片和进度条组件这两个非容器组件。

## 6.1 图片组件

组件区的第一个组件就是图片组件，选中该组件，将其拖曳到预览区文本组件"Hello World"的上方，如图 6.1 所示。

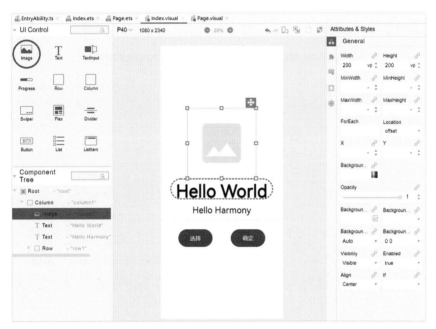

图 6.1 新增图片组件

目前这个组件中没有任何内容[24]，如果想为它添加图片，那么就需要通过设定特有属性来实现，如图 6.2 所示。

---

24 虽然在预览区中有一个灰色的图片，但实际在运行时什么都不会显示。这个灰色的图片只是表示这是一个图片组件。

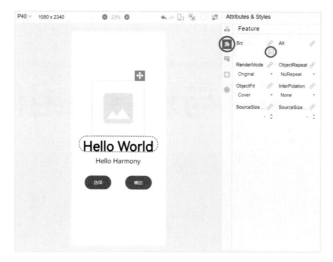

图 6.2 图片组件的特有属性

这个特有属性选项卡中的第 1 项属性 Src 就是用来指定图片的，单击输入框后面的图标会弹出图 6.3 所示的对话框。

图 6.3 选择图片

在这个对话框中能看到开发环境为我们提供的几个文件夹，分别为 ets、rawfile 及 media，这是该项目中允许存放图片的文件夹，而这 3 个文件夹在应用工程结构中的位置如图 6.4 所示。

**图 6.4　允许存放图片的文件夹在应用工程结构中的位置**

在图 6.3 和图 6.4 中能看到，在这个空项目中，本身就包含了一张图片 icon.png，这是一个图标图片。在图 6.3 所示的界面中选中这个图片文件，然后单击"OK"，对应的图片就出现在了预览区，如图 6.4 所示。

正常加载图片之后，我们来看一下图片组件的其他特有属性。

● Alt：该属性用于设置加载图片时显示的字符。

● RenderMode：该属性用于设置图片渲染的模式，有两个可选值，分别为 Original（原图）和 Template（模板图像，忽略图片的颜色）。

● ObjectRepeat：该属性用于设置图片的重复样式，有 4 个可选值，X（沿水平方向重复）、Y（沿竖直方向重复）、XY（在水平方向和竖直方向都重复）、NoRepeat（不重复）。

● ObjectFit：该属性用于设置图片的缩放类型，有 5 个可选值，Cover（保持图片宽高比进行缩小或者放大，使图片覆盖整个显示区域，这是该属性的默认值）、Contain（保持图片宽高比进行缩小或者放大，使图片完整地显示在显示边界内）、Fill（不保持图片宽高比进行放大缩小，使图片填充整个显示区域）、None（保持原有尺寸显示）、ScaleDown（保持图片宽高比，缩小或者保持大小不变显示）。

● InterPolation：该属性用于设置图片的插值效果，即减轻低清晰度图片在放大显示时出现的锯齿问题，仅针对图片放大插值。这个属性有 4 个可选值，None（不使用插值图片数据）、

High（高度使用插值图片数据，可能会影响图片渲染的速度）、Medium（中度使用插值图片数据）和 Low（低度使用插值图片数据）。

- SourceSizeWidth 和 SourceSizeHeight：这两个属性设置图片解码尺寸，即将原始图片解码成指定尺寸的图片。

对于图片 icon.png 来说，如果将 RenderMode 属性设置为 Template，将 ObjectFit 属性设置为 None（即按原始尺寸显示图片），则显示效果如图 6.5 所示。

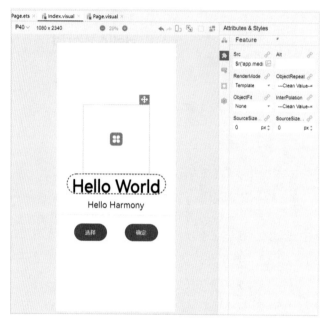

图 6.5 改变图片组件的属性

## 6.2 电子相册

了解了图片组件之后，本节我们结合页面中的两个按钮组件完成一个"电子相册"的示例。

这个示例的功能是将页面中的两个按钮组件变为"上一张"和"下一张"的按钮，然后通过按钮切换图片组件中的图片。

为了能够有多张图片可以显示，需要先准备一些图片，作者准备的是《无线电》期刊从 2022 年第 7 期到 2022 年第 12 期的封面。

图片存放的位置依然在 media 文件夹下，要想打开 media 文件夹很简单，在应用工程结构的 media 文件夹上单击鼠标右键，然后在弹出的菜单中选择"Open In"，接着在子菜单中选择"Explorer"，如图 6.6 所示。

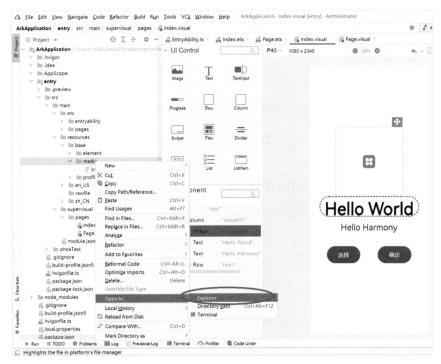

**图 6.6 打开 media 文件夹的操作**

然后将准备好的图片保存在文件夹中，如图 6.7 所示。将《无线电》期刊从 2022 年第 7 期到 2022 年第 12 期的封面图片分别命名为 radio07 ～ radio12。

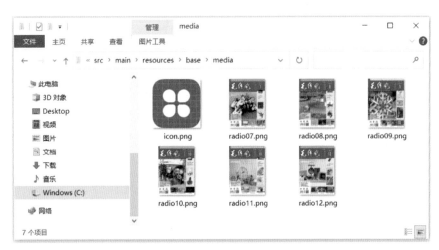

**图 6.7  media 文件夹中的图片资源**

图片资源准备好之后，下面来调整页面中的按钮组件。删除 "Hello Harmony" 文本组件，然后将两个按钮组件上显示的内容分别改为 "上一张" 和 "下一张"，如图 6.8 所示。

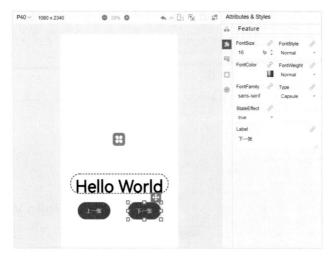

图 6.8 将两个按钮组件上显示的内容分别改为"上一张"和"下一张"

接下来打开 Index.ets 文件，按钮组件"下一张"对应的事件函数为 btnClick()，这里就不修改函数名了，直接调整函数中的内容。

先来完成一段计数的代码，就是每点击一次按钮组件"下一张"，对应地将一个数加 1，由于准备的图片有 6 张，当这个数到 6 的时候，将其再设置为 0。为此我们设置一个数据变量 numImg。

```
numImg:number = 0
```

btnClick() 函数调整如下。

```
btnClick()
{
  this.numImg+=1;
  if(this.numImg > 5)
  {
    this.numImg = 0;
  }
  console.log(String(this.numImg))
}
```

为了能够看到变量数值的变化，在每次点击按钮时都在控制台输出变量 numImg 的值。

按照同样的形式修改按钮组件"上一张"对应的事件函数 SelectBtn()，也是直接调整函数中的内容。不过这里的代码是做减法，每次将对应的数减 1，当小于 0 的时候，将变量的值再设置为 5。SelectBtn() 函数调整如下。

```
SelectBtn() {
  this.numImg-=1;
  if(this.numImg < 0)
```

```
    {
      this.numImg = 5;
    }
    console.log(String(this.numImg))
}
```

　　此时 Index.ets 文件中的内容如下。

```
import router from '@ohos.router'

@Entry
@Component
struct Index {
  @State message: string = 'Hello World'
  numImg:number = 0

  SelectBtn() {
    this.numImg-=1;
    if(this.numImg < 0)
    {
      this.numImg = 5;
    }
    console.log(String(this.numImg))
  }

  btnClick()
  {
    this.numImg+=1;
    if(this.numImg > 5)
    {
      this.numImg = 0;
    }
    console.log(String(this.numImg))
  }
  /**
   * In low-code mode, do not add anything to the build function, as it will be
   * overwritten by the content generated by the .visual file in the build phase.
   */
  build() {
  }
}
```

模拟运行程序，此时点击按钮组件"上一张"和"下一张"，就能在开发环境下方看到输出的变化的数值，如图 6.9 所示。

图 6.9　模拟运行程序，注意观察下方出现的信息

点击按钮组件的操作正常后，下面将变量 numImg 和图片关联在一起。我们希望通过代码来调整图片组件的 Src 属性，因此需要创建一个属性变量，让对应图片组件的 Src 属性值是这个属性变量，而不是具体的某一个图片的路径。

创建一个属性变量，变量名为 pathImg，先任意赋值一段字符串给变量，代码如下。

```
@State pathImg:string = "图片资源"
```

然后在 Index.visual 文件中，找到图片组件的 Src 属性，切换属性值的赋值形式，如图 6.10 所示，单击 Src 属性的输入框，在弹出的列表中选择 this.pathImg。

图 6.10　更改图片组件的 Src 属性

目前属性变量 pathImg 还没有对应到任意一张图片，所以在图片组件中不会显示任何内容。

下一步说明变量的值应该怎么写。我们可以留意一下图 6.5 所示图片组件特有属性中 Src 属性的值，在 ArkTS 代码中（确切地说应该是在 eTS 代码中），可以通过"$r('app.type.name')"的形式来引用应用资源。其中 app 代表应用内 resources 文件夹中定义的资源；type 代表资源类型（或者说是资源的存放位置），可以取"color""string""media""element"等，name 代表资源的名称，即文件名。因此在图 6.5 中，Src 属性的值如下。

```
$r('app.media.icon')
```

如果我们想选择图片 radio07，那么对应的值如下。

```
$r('app.media.radio07')
```

将这个值赋值给属性变量 pathImg，对应的代码如下。

```
@State pathImg:string = "$r('app.media.radio07')"
```

此时再回到 Index.visual 文件，就会发现图片已经显示出来了，如图 6.11 所示。

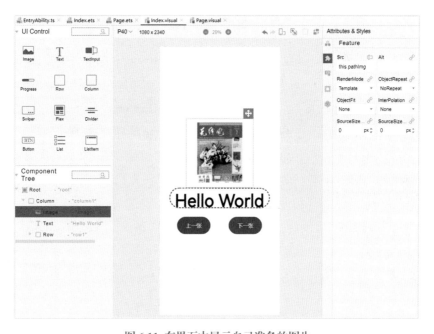

**图 6.11　在界面中显示自己准备的图片**

不过之前设置图片组件的 RenderMode 属性为 Template，ObjectFit 属性为 None，因此显示的是一个灰色图片。

将 RenderMode 属性改回 Original，ObjectFit 属性改为 Contain，同时调整图片组件尺寸的数值为 300vp×400vp，此时预览区显示效果如图 6.12 所示。

图 6.12 更改图片组件属性值

说明：图片除了能够放在 media 文件夹中，还可以放在 resources 文件夹中的 rawfile 文件夹下，打开 rawfile 文件夹的方式与打开 media 文件夹的方式类似，也是鼠标右键单击 rawfile 文件夹，然后在弹出的菜单中选择"Open In"，接着在子菜单中选择"Explorer"。

放在 rawfile 文件夹下的资源可以使用"$rawfile('filename')"的形式直接引用。目前 $rawfile 仅支持图片对象资源，filename 表示 rawfile 文件夹下的文件相对路径，文件名需要包含后缀，路径不用以"/"开头。假如 radio07 图片是直接放在 rawfile 文件夹下的，则引用图片就可以写成

```
$rawfile('radio07.png')
```

设置好属性变量 pathImg 之后，终于可以进行最后一步了，将变量 numImg 和属性变量 pathImg 关联在一起。

切换到 Index.ets 文件，新建一个函数 showImg()，函数内容如下。

```
showImg()
{
  if(this.numImg == 0)
  {
    this.pathImg = "$r('app.media.radio07')"
  }
  if(this.numImg == 1)
  {
    this.pathImg = "$r('app.media.radio08')"
  }
```

```
   if(this.numImg == 2)
   {
     this.pathImg = "$r('app.media.radio09')"
   }
   if(this.numImg == 3)
   {
     this.pathImg = "$r('app.media.radio10')"
   }
   if(this.numImg == 4)
   {
     this.pathImg = "$r('app.media.radio11')"
   }
   if(this.numImg == 5)
   {
     this.pathImg = "$r('app.media.radio12')"
   }
}
```

函数内容写得比较直观，就是根据 numImg 值的不同，为属性变量 pathImg 设置不同的图片资源。函数写好之后，在每次调用函数 SelectBtn() 和 btnClick() 对变量 numImg 进行更改时调用该函数即可，此时 Index.ets 文件中的代码如下。

```
@Entry
@Component
struct Index {

  @State message: string = 'Hello World'
  numImg:number = 0
  @State pathImg:string = "$r('app.media.radio07')"

  showImg()
  {
    if(this.numImg == 0)
    {
      this.pathImg = "$r('app.media.radio07')"
    }
    if(this.numImg == 1)
    {
      this.pathImg = "$r('app.media.radio08')"
    }
    if(this.numImg == 2)
```

```
  {
    this.pathImg = "$r('app.media.radio09')"
  }
  if(this.numImg == 3)
  {
    this.pathImg = "$r('app.media.radio10')"
  }
  if(this.numImg == 4)
  {
    this.pathImg = "$r('app.media.radio11')"
  }
  if(this.numImg == 5)
  {
    this.pathImg = "$r('app.media.radio12')"
  }
}

SelectBtn() {
  this.numImg-=1;
  if(this.numImg < 0)
  {
    this.numImg = 5;
  }
  console.log(String(this.numImg));
  this.showImg();
}

btnClick()
{
  this.numImg+=1;
  if(this.numImg > 5)
  {
    this.numImg = 0;
  }
  console.log(String(this.numImg));
  this.showImg();
}
/**
 * In low-code mode, do not add anything to the build function, as it will be
 * overwritten by the content generated by the .visual file in the build phase.
```

```
    */
  build() {

  }
}
```

模拟运行程序，此时通过页面中的按钮组件就能切换图片组件中的图片了。

## 6.3 进度条组件

进度条组件通常用于显示内容加载或操作处理的进度。该组件就在图片组件下方，选中进度条组件，将其拖曳到预览区文本组件"Hello World"的下方，如图 6.13 所示。

**图 6.13 新增进度条组件**

进度条组件的特有属性只有 4 个，Color（颜色，指的是进度的颜色，默认为蓝色）、Value（当前进度值）、Total（进度条总长）及 Style（进度条类型，在低代码开发模式下，目前只有线性类型）。为了直观地理解这几个属性，我们调整几个属性值来看一下效果，调整如图 6.14 所示。

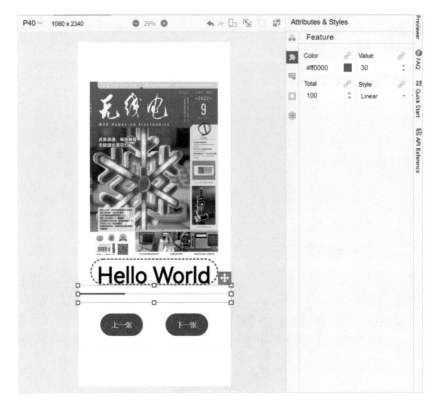

**图 6.14 调整进度条组件的属性**

这里调整了 Color 和 Value 两个属性。Color 改成了红色，因此能看到进度条前面有一段红色的部分。这个进度条的 Total 为 100，可以看成总长度是 100，而 Value 调整为 30，相当于整个进度条的 30% 完成了，因此能看到红色部分占整个进度条的 30%。

这就是进度条组件的几个特有属性。下面我们将进度条和切换图片的功能结合起来，即通过按钮组件切换图片时能够看到下方的进度条也在变化。

先来调整程序，切换到 Index.ets 文件，将其中的变量 numImg 改为属性变量，代码如下。

```
@State numImg:number = 0
```

然后就可以用这个变量来设置组件的属性了，再切换到 Index.visual 文件，点开进度条组件的特有属性。

由于总共有 6 张图片，设置进度条组件的 Total 属性为 5（0 ～ 5 表示 6 张图片），将颜色改回默认的蓝色，Value 改成 this.numImg，如图 6.15 所示。这里注意要切换属性值的赋值形式。

图 6.15　再次调整进度条组件的属性

模拟运行程序，当点击下方的按钮组件切换图片时，能够看到下方进度条也在跟着变化，如图 6.16 所示。

程序中设定当变量 numImg 大于 5 时会赋值为 0，小于 0 时会赋值为 5，因此能看到当进度条完全变成蓝色时，再次点击"下一张"按钮后，进度条会完全变成灰色，表示当前进度为 0；而当进度为 0 时，点击"上一张"按钮，进度条又会全部变成蓝色。

图 6.16　添加了进度条的界面

## 6.4 定时器模块

目前这个电子相册的功能需要我们手动切换图片，如果想让它能够自动地定时切换图片，那么可以使用定时器模块。定时器模块的功能就像闹钟能够让程序按照指定的时间执行对应函数。

通常定时器有两种用法，一种是设定一段时间后触发，比如 10s 后跳转到某个页面，可以将其称为单次定时器；另一种是设定间隔时间段重复触发，比如每 10s 刷新一次页面，可以将其称为重复定时器。

针对这两种用法，有如下 4 个函数。

● setTimeout()：该函数用于设置一个单次定时器，该定时器会在一段时间后执行一个指定的回调函数。setTimeout() 函数的返回值为定时器的 ID，函数的参数如表 6.1 所示。

表 6.1　setTimeout() 函数的参数

| 参数名 | 是否必填 | 说明 |
| --- | --- | --- |
| handler | 是 | 定时器到时后执行的回调函数 |
| delay | 否 | 定时的毫秒数。如果省略该参数，delay 取默认值 0，意味着立刻执行 |
| ...args | 否 | 附加参数，一旦定时器到期，它们会作为参数传递给 handler |

● clearTimeout()：该函数用于取消之前通过 setTimeout() 建立的单次定时器。函数无返回值，参数为要取消定时器的 ID。

● setInterval()：该函数用于设置一个重复定时器，该定时器会每隔一段时间执行一个指定的函数。setInterval() 函数的返回值为重复定时器的 ID，函数的参数与 setTimeout() 函数的参数一样。

● clearInterval()：该函数用于取消之前通过 setInterval() 建立的重复定时器。函数无返回值，参数为要取消定时器的 ID。

这里我们需要设置一个重复定时器，定时时间为 5s（delay 参数就为 5000），设定定时器的操作要放在一个函数中，比如函数名为 onPageShow()，则对应函数代码如下。

```
onPageShow() {
  setInterval(()=> {
    this.numImg+=1;
    if(this.numImg > 5)
    {
      this.numImg = 0;
    }
    console.log(String(this.numImg));
  }, 5000)
}
```

我们通过声明的方式完成了定时器到时后执行的回调函数。回调函数实现的功能就是改变变量 numImg 的值，每次到时后将 numImg 的值增加 1；而当 numImg 的值大于 5 时，将其再设置为 0。

函数编写完成之后，将其关联到 Column 组件的 OnAppear 事件上，即当显示 Column 组件时运行。这个操作可以参考 5.4 节中的内容（见图 5.10）。选中 Column 组件，然后在右侧的属性区中选择第 3 项事件相关属性图标。接着单击 OnAppear 事件后面的输入框，选择 onPageShow() 函数。

## 6.5 组件背景图片

本章主要进行图片的操作，在最后一节，我们介绍一下组件通用属性中的背景图片。

通用属性是每个组件都有的，这也就意味着每个组件中都可以显示图片，所以在设计页面的时候，并不一定非要使用图片组件。

我主要介绍通用属性中与背景图片相关的 4 个属性，分别为 BackgroundImageSrc、BackgroundImageRepeat、BackgroundImageSize 和 BackgroundImagePosition，如图 6.17 所示。

图 6.17 通用属性中与背景图片相关的 4 个属性

为了能够更清晰地看到整个背景，我们删掉之前添加的图片组件，同时选定覆盖整个页面的 Column 组件。

BackgroundImageSrc 属性与图片组件的 Scr 属性功能一样，都用来指定图片资源。

BackgroundImageRepeat 属性用于设置图片的重复样式，也有 4 个可选值，X（沿水平方向重复）、Y（沿竖直方向重复）、XY（在水平方向和竖直方向都重复）、NoRepeat（不重复）。

BackgroundImageSize 属性用于设置图片的缩放类型，只有 3 个可选值，Cover（保持图片宽高比进行缩小或者放大，使图片覆盖整个显示区域）、Contain（保持图片宽高比进行缩小或者放大，使图片完整地显示在显示边界内）、Auto（保持原有尺寸显示）。

BackgroundImagePosition 属性用来设定图片的显示位置，可以选择左上、中上、右上、左中、中、右中、左下、中下和右下。

将图像作为组件背景会出现 3 种情况，第 1 种情况是图像和组件大小一样，此时显示图像是没有问题的。第 2 种情况是图像比组件小，默认情况下，背景图片放在组件的左上角。如果我们希望图像放大到覆盖整个组件，那么可以使用 BackgroundImageSize 属性进行更改。第 3 种情况则是图像比组件大，此时组件中可能只能显示图像的一部分，假设有一个宽度和高度均为 100 像素的组件，但是使用的背景图片大小为 200 像素 ×300 像素，这样就会只显示背景图片的一部分，默认情况下图像会仅显示左上角的部分。如果想要显示背景图像的其他区域，BackgroundImagePosition属性就会非常有用，使用它能够在大致的范围内指定背景图像的显示区域。

我们尝试使用一张图片作为 Column 组件的背景图片，比如使用图片 icon.png。由于图片比页面小，这张图片会默认出现在 Column 组件的左上角，如图 6.18 所示。

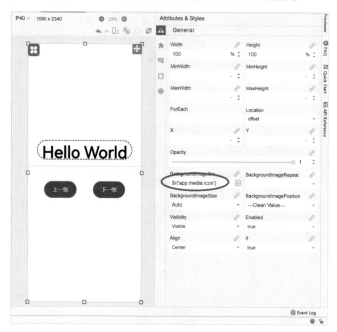

图 6.18　选定背景图片

我们希望背景图片能够填满整个 Column 组件，那么有 3 种方案。

方案 1，在组件内重复填充背景图片，沿水平方向重复填充、沿竖直方向重复填充，以及在水平方向和竖直方向都重复填充分别如图 6.19、图 6.20、图 6.21 所示。

**图 6.19　沿水平方向重复填充背景图片**

**图 6.20　沿竖直方向重复填充背景图片**

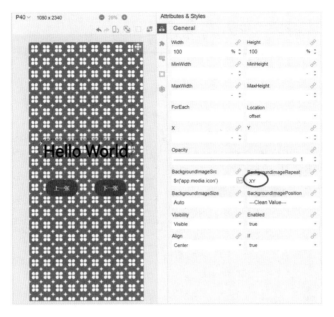

图 6.21　沿水平方向和竖直方向都重复填充背景图片

方案 2，设置 BackgroundImageSize 属性值为 Cover，如图 6.22 所示。

图 6.22　设置 BackgroundImageSize 属性值为 Cover

可以看到图片在保持宽高比的情况下，上下两个边达到了显示边界，这种方案虽然能够使背景图片填满整个 Column 组件，不过图片并不是完整的。

方案 3，设置 BackgroundImageSize 属性值为 Contain，如图 6.23 所示。

图 6.23 设置 BackgroundImageSize 属性值为 Contain

可以看到背景图片是在保持图片宽高比的情况下，最大且完整地显示在显示边界内。如果希望背景图片显示在中间，那么可以设置 BackgroundImagePosition 属性值为 Center，如图 6.24 所示。

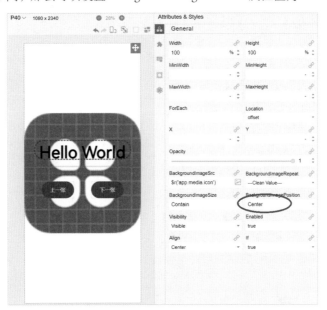

图 6.24 设置 BackgroundImagePosition 属性值为 Center

除了设置背景图片之外，在通用属性中，还能通过背景图片相关属性下方的 Visibility 属性来设置组件是否可见，如图 6.25 所示。

图 6.25 组件的 Visibility 属性

这个属性有 3 个可选值，Visible（可见）、Hidden（隐藏）、None（无）。虽然 Hidden 和 None 都能够让组件不可见，不过两者是有区别的。Hidden 是隐藏元素但仍占用空间，但 None 基本上是将元素从页面中删除了，页面将按照该组件根本不存在显示。

# 第7章 Swiper组件

在上一章中我们完成了一个电子相册的功能，实现的方法是通过属性变量来更改图片组件的属性值，通过修改 Src 属性的内容来替换图片，然后通过定时器实现了电子相册的自动切换。实际上如果要实现图片切换，还有一个专门的容器组件可以使用，这就是 Swiper 组件（滑块容器组件），本章就来专门介绍一下这个组件。

## 7.1 Swiper组件的特有属性

Swiper 组件在进度条组件的下方，其图标是一个右下角有 3 个点的矩形框。选中 Swiper 组件，将其拖曳到预览区文本组件"Hello World"的下方，如图 7.1 所示。

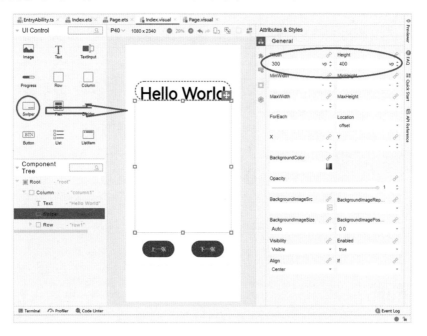

图 7.1 新增 Swiper 组件

这里 Swiper 组件的位置实际上替换了之前的进度条组件，因为之后要在 Swiper 组件中放置图片，所以设置组件的大小为 300vp × 400vp。

接着来看一下 Swiper 组件的特有属性，如图 7.2 所示。

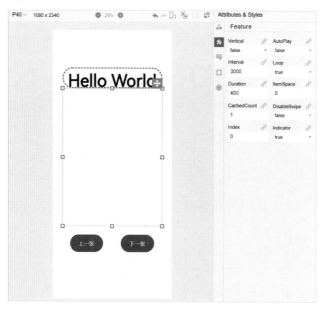

图 7.2 Swiper 组件的特有属性

Swiper 组件有以下特有属性。

- Vertical：该属性用于设置组件内的组件是否纵向滑动，默认为 false，即横向滑动。
- AutoPlay：该属性用于设置组件内的组件是否自动播放，默认为 false。自动播放状态下，导航点是不可操作的。
- Interval：该属性用于设置自动播放时播放的时间间隔，单位为毫秒。
- Loop：该属性用于设定组件是否开启循环，默认为 true。
- Duration：该属性用于设置组件内的组件切换时长，单位为毫秒。
- ItemSpace：该属性用于设置组件内的组件与组件之间的间隙。
- CachedCount：该属性用于设置预加载组件中其他组件的个数。
- DisableSwipe：该属性用于禁用组件滑动切换功能。
- Index：该属性用于设置起始时容器中显示内容的索引值。
- Indicator：该属性用于设置是否启用导航点指示器，默认为 true。

## 7.2 添加图片

了解了 Swiper 组件的特有属性之后，下面就来通过 Swiper 组件完成一个电子相册。

我们需要向 Swiper 组件中添加图片组件，由于在 media 文件夹中准备了 6 张图片，先在 Swiper 组件中添加 6 个图片组件，如图 7.3 所示。

图 7.3　在 Swiper 组件中添加 6 个图片组件

　　将图片组件的大小都设置为 300vp×400vp，另外要注意虽然已经向 Swiper 组件中添加了多个图片组件，但在预览区中只能看到一个图片组件，我们可以通过组件树区选择不同的图片组件。

　　接下来按照图片组件在组件树区中从上往下的顺序，依次设置图片组件的 Src 属性，设置 Swiper 组件中第一个图片组件属性时的开发环境如图 7.4 所示。注意这次不会更改图片组件中显示的内容，所以直接通过图 6.3 所示的对话框选择对应图片。

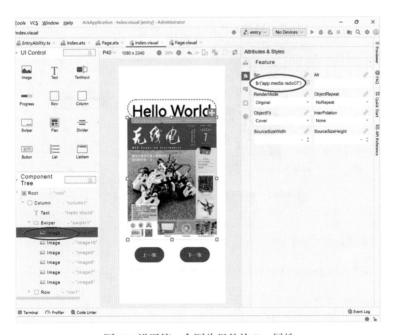

图 7.4　设置第一个图片组件的 Src 属性

在完成 6 个图片组件的属性设置之后，设置 Swiper 组件的 AutoPlay 属性为 true，如果想让图片与图片之间有一定，还可以为 ItemSpace 属性设置一个值。之后模拟运行程序，这样一个自动播放的电子相册就完成了，而且图片在切换的时候还有滑动的效果，也不用设置定时器，是不是很简单？

大家可以尝试修改 Swiper 组件的其他参数，看看都有什么变化，比如设置 Vertical 属性让组件内的图片纵向滑动、设置 Interval 属性让每张图片显示的时间更长一些。

说明：Swiper 组件中并不是只能够放图片组件，同样也可以放置按钮组件、文本组件等，其实 Swiper 组件更像一个不断转动的柜子，这个柜子会在同一个位置分时显示不同的组件。

## 7.3 onChange事件

Swiper 组件有一个特殊的事件——onChange 事件，这个事件是当显示的组件索引变化时触发的。通过这个事件，我们能够知道目前切换到第几个组件。在 Index.ets 文件中完成以下函数。

```
swiperChange(index: number)
{
  this.numImg = index;
}
```

这个函数的功能是将组件索引值赋值给变量 numImg。将这个函数与 Swiper 组件的 onChange 事件相关联，如图 7.5 所示。

图 7.5 将 swiperChange() 函数与 Swiper 组件的 onChange 事件相关联

这样当每次 Swiper 组件中显示的组件切换时，都会将组件的索引值赋值给变量 numImg。基于这一点，我们实现跳转的功能，即当点击 Swiper 组件时能够跳转到另一个页面，而且跳转时会将 Swiper 组件中的组件索引值作为参数传递出来。

参考第 5 章的内容完成函数 swiperClick()，函数内容如下。

```
swiperClick()
{
  router.push({
    url: 'pages/Page',
    params: {
      data: this.numImg,
    }
  });
}
```

将函数 swiperClick() 与 Swiper 组件的 OnClick 事件相关联，如图 7.6 所示。

**图 7.6　将函数 swiperClick() 与 Swiper 组件的 OnClick 事件相关联**

另一个页面 Page 不需要做任何修改。模拟运行程序，当点击页面中的期刊封面时就会跳转到页面 Page，而且页面中间会显示对应的组件索引值，如图 7.7 所示。

**图 7.7　当点击页面中的期刊封面时就会跳转到页面 Page**

在显示《无线电》期刊 2022 年第 10 期封面时点击图片（或者 Swiper 组件）。按照之前添加图片的顺序，应该是 2022 年第 7 期封面对应索引值 0，2022 年第 8 期封面对应索引值 1，2022 年第 9 期封面对应索引值 2，2022 年第 10 期封面对应索引值 3，2022 年第 11 期封面对应索引值 4，2022 年第 12 期封面对应索引值 5。

## 7.4 转换到ArkTS文件

对于低代码开发形式，在可视化的应用设计界面中有一个按钮能够将 .visual 文件的内容转换成 ArkTS 代码，这个按钮的位置如图 7.8 所示。

**图 7.8 能够将 .visual 文件的内容转换成 ArkTS 代码的按钮位置**

我们将目前的 Index.visual 文件转换为 ArkTS 代码，不过要注意，这种转换是单向的，如果转换成 ArkTS 代码之后，这个页面的开发就不能再回到低代码开发形式，这一点开发环境也会有弹窗提示，如图 7.9 所示。所以大家在转换的时候一定要确定自己是否需要转换。

**图 7.9 将 .visual 文件的内容转换成 ArkTS 代码的弹窗提示**

如果确定要转换就单击弹窗上的"Convert"按钮，转换完成后，开发环境会弹窗提示转换成功，如图 7.10 所示。

**图 7.10 转换完成的弹窗提示**

此时要注意，在应用工程结构中，之前的 Index.visual 被删除了，即参与转换的 .visual 文件被删除了。同时，打开对应的 .ets 文件，会发现之前提示的不用编写的 build() 函数现在变成了大段的代码，这就是转换之后的 ArkTS 代码，如图 7.11 所示。

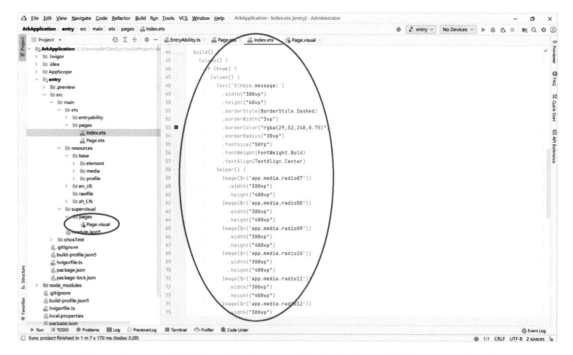

图 7.11  将 .visual 文件的内容转换成 ArkTS 代码之后应用工程结构与 .ets 文件的变化

## 7.5  通过按钮组件控制Swiper组件

针对 Swiper 组件，还有一点需要说明，如果想要通过按钮组件控制组件内的其他组件，那么需要定义一个 Swiper 组件的控制器，代码如下。

```
private swiperController: SwiperController = new SwiperController()
```

这个操作需要在代码的模式下完成，所以在上一节我们才将 .visual 文件的内容转换成 ArkTS 代码。定义了 Swiper 组件的控制器之后，将此控制器绑定至 Swiper 组件，即在 Swiper 组件的括号内输入 this.swiperController，如图 7.12 所示。

图 7.12　将 Swiper 组件的控制器绑定至 Swiper 组件

　　将 Swiper 组件的控制器绑定至 Swiper 组件后，就可以通过它控制 Swiper 组件内的图片翻页了。对应控制器的 showNext() 方法为翻至下一页，showPrevious() 方法为翻至上一页。

　　我们之前定义的是 SelectBtn() 和 btnClick() 这两个函数，SelectBtn() 相当于上一页按钮的函数，btnClick() 相当于下一页按钮的函数，因此这里直接修改这两个函数，内容如下。

```
SelectBtn() {
  this.swiperController.showPrevious()
}



btnClick()
{
  this.swiperController.showNext()
}
```

　　这样就能通过页面本身的这两个按钮组件来控制 Swiper 中组件的切换了，将这两个按钮组件上显示的文本分别修改为"上一期"和"下一期"。最后整个 Index.ets 文件的内容如下。

```
import router from '@ohos.router'



@Entry
@Component
```

```
struct Index {

  private swiperController: SwiperController = new SwiperController()
  @State message: string = 'Hello World'
  @State numImg:number = 0

  swiperClick()
  {
    router.push({
      url: 'pages/Page',
      params: {
        data: this.numImg,
      }
    });
  }

  SelectBtn() {
    this.swiperController.showPrevious()
  }

  btnClick()
  {
    this.swiperController.showNext()
  }

  build() {
    Column() {
      if (true) {
        Column() {
          Text('${this.message}')
            .width("300vp")
            .height("60vp")
            .borderStyle(BorderStyle.Dashed)
            .borderWidth("3vp")
            .borderColor("rgba(29,52,248,0.75)")
            .borderRadius("30vp")
            .fontSize("50fp")
            .fontWeight(FontWeight.Bold)
            .textAlign(TextAlign.Center)
          Swiper(this.swiperController) {
```

```
      Image($r('app.media.radio07'))
        .width("300vp")
        .height("400vp")
      Image($r('app.media.radio08'))
        .width("300vp")
        .height("400vp")
      Image($r('app.media.radio09'))
        .width("300vp")
        .height("400vp")
      Image($r('app.media.radio10'))
        .width("300vp")
        .height("400vp")
      Image($r('app.media.radio11'))
        .width("300vp")
        .height("400vp")
      Image($r('app.media.radio12'))
        .width("300vp")
        .height("400vp")
    }
    .width("300vp")
    .height("400vp")
    .margin({ top: "10vp", bottom: "10vp", left: "10vp", right: "10vp" })
    .autoPlay(true)
    .indicator(true)
    .itemSpace("5")
    .cachedCount(1)
    .onClick(this.swiperClick.bind(this))
    .onChange((index: number) => {
      this.numImg = index;
    })
    Row() {
      Button("上一期")
        .width("100vp")
        .height("50vp")
        .onClick(this.SelectBtn.bind(this))
      Button("下一期")
        .width("100vp")
        .height("50vp")
        .type(ButtonType.Capsule)
        .onClick(this.btnClick.bind(this))
```

```
                }
                .width("100%")
                .height("100vp")
                .justifyContent(FlexAlign.SpaceEvenly)
            }
            .width("100%")
            .height("100%")
            .align(Alignment.Center)
            .offset({ x: "0", y: "0" })
            .backgroundImageSize(ImageSize.Contain)
            .backgroundImagePosition(Alignment.Center)
            .enabled(true)
            .justifyContent(FlexAlign.Center)
        }
    }
    .width("100%")
    .height("100%")
  }
}
```

这是一个实现了整个页面的布局与交互的 .ets 文件，其中 build() 函数中的内容都是与布局相关的，都是由低代码开发形式的 .visual 文件转换而来的。

关于 Swiper 组件的内容就介绍到这里。

# 第 8 章 电子期刊应用设计

结合上一章中实现的功能，在本书的最后一章，我们来实现一个《无线电》电子期刊的功能。

## 8.1　项目功能描述

在上一章中，我们完成了一个页面，这个页面中会循环播放几期《无线电》期刊的封面，同时页面中有两个按钮，也能够控制这些期刊封面的切换。而点击封面会跳转到另一个页面。

这个完成的页面很像使用者在选择某一期期刊，如果在跳转的页面中能够显示一些期刊内的文章标题或信息，甚至是一些文章内容，那么我们用这个功能就实现了一本电子期刊。

挑选期刊的页面就不改了，本章的主要内容就是设计并完成跳转之后的页面。大家回想一下平常用的一些应用，当信息比较多的时候，这些应用会通过选项卡将信息分类，在这些应用中，每个选项卡都有一个图标和一个名称（比如微信中的"发现""通讯录"等），而且当选中某个选项卡时，对应的图标和文字的颜色会发生变化，同时主体部分显示的内容也会变化。因此在跳转之后的页面中，我们也要通过选项卡对信息进行划分。

## 8.2　页面设计

这个页面整体上分为 3 个部分，如图 8.1 所示。

第 1 部分，页面上方的期刊信息显示区域，主要包括期刊的期数和一个返回按钮。

第 2 部分，页面中间占比最大的文章标题内容显示区域，主要显示相关文章的标题。

第 3 部分，页面下方的选项卡，用于切换页面中间文章标题内容显示区域显示的主题内容。

图 8.1　页面布局示意

　　依照这样的想法打开之前创建的 Page.visual 文件，目前这个页面只有两部分，所以第一步是调整页面下方 Column 组件的高度，然后在页面的最下方再增加一个 Row 组件，如图 8.2 所示。

图 8.2　将页面分为 3 个区域

　　上、中、下这 3 个区域的占比分别为 10%、75% 和 15%。而上、下两个布局组件都是 Row 组件，是因为上、下两个区域中的组件是横向排列的。

　　第二步，在上方 Row 组件中的按钮组件之前增加一个文本组件，同时将 Row 组件的 JustifyContent 属性设置为 SpaceBetween，如图 8.3 所示。

　　这是为了能够让两个组件分别靠在左右两侧，文本组件靠在左侧，而按钮组件靠在右侧。

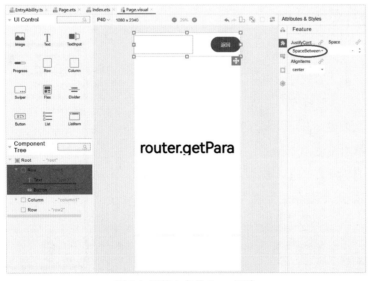

图 8.3　调整上方的 Row 组件

第三步，图 8.1 中有 4 个选项卡，本例中只设置 3 个就好，因此在下方的 Row 组件中放置 3 个 Column 组件，每个 Column 组件宽度为 33%，高度为 100%（100% 表示填满组件所在的容器布局组件），如图 8.4 所示。

**图 8.4　在下方的 Row 组件中放置 3 个 Column 组件**

第四步，在下方的每个 Column 组件中都放置一个图片组件和一个文本组件，用来表示选项卡，如图 8.5 所示。

**图 8.5　在下方的每个 Column 组件中都放置一个图片组件和一个文本组件**

注意组件树区各个组件的层级关系，观察预览区，调整图片组件和文本组件的大小。在绝大多数应用中，不同选项卡的图标是不一样的，这里我们设计得简单一些，使用一样的图片，即图片 icon.png。为了让图片完整地显示出来，图片组件的 ObjectFit 属性都设置为 Contain。

第五步，先删掉中间的文本组件，然后放置一个 Swiper 组件。前面说过，当点击不同选项卡时，中间主体的内容要变化，这个场景用 Swiper 组件正合适。我们在前期的测试中，已经知道要实现上述功能可以先往 Swiper 组件中放置 3 个文本组件，如图 8.6 所示。Swiper 组件及 3 个文本组件的大小都是填满中间这个 Column 组件的大小。

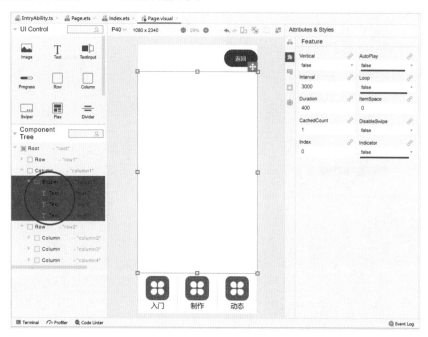

**图 8.6 在中间放置一个 Swiper 组件及 3 个文本组件**

因为这里不需要 Swiper 组件内的内容自动切换，所以将 Swiper 组件的 AutoPlay 属性和 Loop 属性设置为 false，同时将 Indicator 属性也设置为 false，以取消导航点指示器的显示。

这样就完成了这个页面的框架，接下来要打开 Page.ets 文件并修改代码。

## 8.3 显示期刊信息

框架搭建好之后，本节先来完成上方 Row 组件中的内容。

在这个区域，我们希望能够依据传递过来的不同参数显示不同的期刊期数信息，比如参数为 0，显示"2022 年第 7 期"；参数为 1，显示"2022 年第 8 期"；参数为 2，显示"2022 年第 9 期"，依次类推。为此，需要在之前编写的 showPage() 函数中获取传递过来的参数，同时依据参数设置不同的字符串。对应代码如下。

```
@State message: string = " "
numImg:number = 0


showPage(){
  this.numImg = router.getParams()['data'];
```

```
if(this.numImg == 0 )
{
   this.message = " 2022 年第 7 期 "
}
if(this.numImg == 1 )
{
   this.message = " 2022 年第 8 期 "
}
if(this.numImg == 2 )
{
   this.message = " 2022 年第 9 期 "
}
if(this.numImg == 3 )
{
   this.message = " 2022 年第 10 期 "
}
if(this.numImg == 4 )
{
   this.message = " 2022 年第 11 期 "
}
if(this.numImg == 5 )
{
   this.message = " 2022 年第 12 期 "
}
}
```

然后设置上方 Row 组件中的文本组件内容为 this.message，如图 8.7 所示。

图 8.7  设置文本组件内容为 this.message

模拟运行程序，当跳转到页面 Page 时，就会看到"返回"按钮的前面显示了期刊期数信息，不过字有点小，可以将对应文本组件中的文字大小设置大一些，比如设置为 26fp，则页面显示效果如图 8.8 所示。

图 8.8  在上方 Row 组件中显示了对应期刊期数信息

## 8.4  切换选项卡

在图 8.1 中能看到，选项卡选中与未选中时的图标是不一样的。我们没有未选中图标的图片，不过可以利用 RenderMode 属性设置图片渲染的模式，区分选中图标与未选中图标的图片。

要想改变组件的属性，就需要创建属性变量，这个页面中有 3 个选项卡，那么就需要创建 3 个属性变量，在 Page.ets 中定义以下变量。

```
@State tab1RenderMode:ImageRenderMode = ImageRenderMode.Original
@State tab2RenderMode:ImageRenderMode = ImageRenderMode.Template
@State tab3RenderMode:ImageRenderMode = ImageRenderMode.Template
```

接着在 Page.visual 文件中将相应的组件属性与属性变量对应起来，如图 8.9 所示。左侧的选项卡图标对应的是属性变量 tab1RenderMode，中间的选项卡图标对应的是属性变量 tab2RenderMode，右侧的选项卡图标对应的是属性变量 tab3RenderMode。

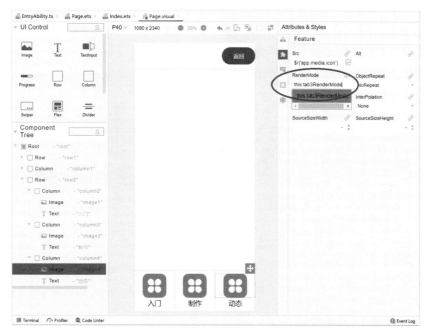

**图 8.9　将相应的组件属性与属性变量对应起来**

然后要定义 3 个函数分别对应 3 个选项卡的 OnClick 事件。这 3 个函数为 tab1Click()、tab2Click() 和 tab3Click()，函数目前的作用就是切换 3 个图标的图片渲染模式，对应代码如下。

```
tab1Click()
{
  this.tab1RenderMode = ImageRenderMode.Original;
  this.tab2RenderMode = ImageRenderMode.Template;
  this.tab3RenderMode = ImageRenderMode.Template;
}

tab2Click()
{
  this.tab1RenderMode = ImageRenderMode.Template;
  this.tab2RenderMode = ImageRenderMode.Original;
  this.tab3RenderMode = ImageRenderMode.Template;
}

tab3Click()
{
  this.tab1RenderMode = ImageRenderMode.Template;
  this.tab2RenderMode = ImageRenderMode.Template;
```

```
    this.tab3RenderMode = ImageRenderMode.Original;
}
```

函数完成后，要将函数与对应组件的 OnClick 事件对应起来，如图 8.10 所示。左侧选项卡的 OnClick 事件关联到 tab1Click() 函数，中间选项卡的 OnClick 事件关联到 tab2Click() 函数，右侧选项卡的 OnClick 事件关联到 tab3Click() 函数。

图 8.10 将函数与对应组件的 OnClick 事件对应起来

这里注意一点，函数最好对应 Column 组件的 OnClick 事件（包含着图片组件和文本组件的 Column 组件），而不要只对应图片组件的 OnClick 事件，这样只要在 Column 组件范围内点击就会触发 OnClick 事件。

此时模拟运行程序就已经能够在几个选项卡之间切换了（其实目前只是更改了图片组件的渲染模式），不过我们希望中间的区域也能有所变化，因此在中间 Swiper 组件中的 3 个文本组件上分别写上"第一页""第二页"和"第三页"，如图 8.11 所示。

图 8.11 在中间 Swiper 组件中的 3 个文本组件上分别写上"第一页""第二页"和"第三页"

如果我们希望通过交互的方式切换 Swiper 组件中的组件，那么还需要创建一个属性变量，代码如下。

```
@State numTab:number = 0
```

这个属性变量对应 Swiper 组件的 Index 属性，如图 8.12 所示。

图 8.12 属性变量 numTab 对应 Swiper 组件的 Index 属性

要想在切换选项卡的时候也切换 Swiper 组件内的文本组件，还需要调整 tab1Click()、tab2Click() 和 tab3Click() 这 3 个函数，对应代码如下。

```
tab1Click()
{
  this.tab1RenderMode = ImageRenderMode.Original;
  this.tab2RenderMode = ImageRenderMode.Template;
  this.tab3RenderMode = ImageRenderMode.Template;
  this.numTab = 0;
}

tab2Click()
{
  this.tab1RenderMode = ImageRenderMode.Template;
  this.tab2RenderMode = ImageRenderMode.Original;
  this.tab3RenderMode = ImageRenderMode.Template;
  this.numTab = 1;
}

tab3Click()
{
  this.tab1RenderMode = ImageRenderMode.Template;
  this.tab2RenderMode = ImageRenderMode.Template;
  this.tab3RenderMode = ImageRenderMode.Original;
  this.numTab = 2;
}
```

模拟运行程序，当切换选项卡时也会切换 Swiper 组件内的文本组件，如图 8.13 所示。

图 8.13　当切换选项卡时也会切换 Swiper 组件内的文本组件

进一步地，如果希望 Swiper 组件内文本组件的内容也能随着不同的期刊期数而变，那么就需要再创建 3 个属性变量（因为这里 Swiper 组件内有 3 个文本组件），对应代码如下。

```
@State messageTab1: string = " "
@State messageTab2: string = " "
@State messageTab3: string = " "
```

messageTab1、messageTab2 和 messageTab3 这 3 个属性变量分别对应 Swiper 组件内 3 个文本组件的内容，如图 8.14 所示。

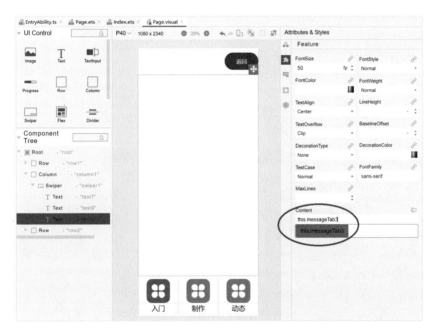

**图 8.14　3 个属性变量分别对应 Swiper 组件内 3 个文本组件的内容**

之后的工作就是要在获取上一个页面的参数时初始化 messageTab1、messageTab2 和 messageTab3 的值，这个工作也是在 showPage() 函数中完成的，修改后的 showPage() 函数如下。

```
showPage(){
  this.numImg = router.getParams()['data'];
  if(this.numImg == 0 )
  {
    this.message = " 2022 年第 7 期 ";
    this.messageTab1 = " 这是 2022 年第 7 期中入门的内容 ";
    this.messageTab2 = " 这是 2022 年第 7 期中制作的内容 ";
    this.messageTab3 = " 这是 2022 年第 7 期中动态的内容 ";
  }
  if(this.numImg == 1 )
  {
```

```
    this.message = " 2022 年第 8 期 "
    this.messageTab1 = " 这是 2022 年第 8 期中入门的内容 ";
    this.messageTab2 = " 这是 2022 年第 8 期中制作的内容 ";
    this.messageTab3 = " 这是 2022 年第 8 期中动态的内容 ";
  }
  if(this.numImg == 2 )
  {
    this.message = " 2022 年第 9 期 "
    this.messageTab1 = " 这是 2022 年第 9 期中入门的内容 ";
    this.messageTab2 = " 这是 2022 年第 9 期中制作的内容 ";
    this.messageTab3 = " 这是 2022 年第 9 期中动态的内容 ";
  }
  if(this.numImg == 3 )
  {
    this.message = " 2022 年第 10 期 "
    this.messageTab1 = " 这是 2022 年第 10 期中入门的内容 ";
    this.messageTab2 = " 这是 2022 年第 10 期中制作的内容 ";
    this.messageTab3 = " 这是 2022 年第 10 期中动态的内容 ";
  }
  if(this.numImg == 4 )
  {
    this.message = " 2022 年第 11 期 "
    this.messageTab1 = " 这是 2022 年第 11 期中入门的内容 ";
    this.messageTab2 = " 这是 2022 年第 11 期中制作的内容 ";
    this.messageTab3 = " 这是 2022 年第 11 期中动态的内容 ";
  }
  if(this.numImg == 5 )
  {
    this.message = " 2022 年第 12 期 "
    this.messageTab1 = " 这是 2022 年第 12 期中入门的内容 ";
    this.messageTab2 = " 这是 2022 年第 12 期中制作的内容 ";
    this.messageTab3 = " 这是 2022 年第 12 期中动态的内容 ";
  }
}
```

　　这样，当跳转到这个页面时，就不只是更新页面左上角显示的内容了，还会更新 Swiper 组件内 3 个文本组件的内容，这里只写了哪一年哪一期什么主题的内容，实际上可以完全根据期刊的内容来确定文本组件的内容，比如罗列出一些具体文章的标题，或者摘抄某些文章的一部分。

　　模拟运行程序，页面中间显示的内容会由期刊的期数和下方的选项卡来共同确定，显示效果如图 8.15 所示。

**图 8.15 页面中间显示的内容会由期刊的期数和下方的选项卡来共同确定**

## 8.5 列表组件

在上一节的最后，这个电子期刊的项目可以说基本上完成了，不过在中间的区域只显示了一段文字，如果要罗列文章标题，应该像图 8.1 中那样，有一个小的图标，后面是一个文章的标题。要实现这个功能，可以利用组件区中的列表组件——List 组件。

列表组件也属于容器组件，其中可以包含一系列相同宽度的列表项，适合连续、多行呈现同类数据。在组件区，列表组件在 Flex 组件的下方，按钮组件的右侧，其图标就像一个列表一样，有 3 行，每一行是一个小方块加上一条横线，如图 8.16 所示。

选中列表组件，将其拖曳到页面中间的 Swiper 组件中，注意组件树区组件的层级以确定将列表组件放置在正确的位置，调整列表组件的大小，宽和高均设置为 100%，即充满整个 Swiper 组件，完成后如图 8.16 所示。

**图 8.16 添加一个列表组件**

这里我们删掉了 Swiper 组件中最后一个文本组件，这就是说此时列表组件是 Swiper 组件中序列号为 2 的组件（第 3 个组件）。

接着来看一下列表组件的特有属性，如图 8.17 所示。

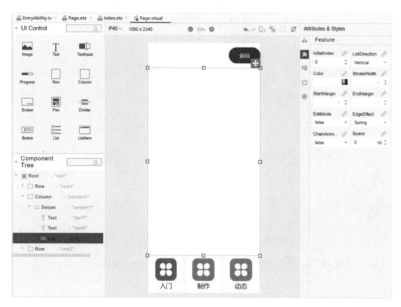

图 8.17 列表组件的特有属性

列表组件的特有属性如下。

● InitialIndex：该属性用于设置当前列表组件初次加载时起始位置列表项的索引值。如果设置的值超过了当前列表组件最后一个列表项的索引值，则设置不生效。

● ListDirection：该属性用于设置列表组件排列方向，默认为竖直方向 Vertical。

● Color：该属性用于设置列表项之间的分割线颜色。

● StrokeWidth：该属性用于设置列表项之间的分割线宽度。

● StartMargin：该属性用于设置列表项之间分割线前方的间隙。

● EndMargin：该属性用于设置列表项之间分割线后方的间隙。

● EditMode：该属性用于设置当前列表组件是否处于可编辑模式，默认为 false。

● EdgeEffect：该属性用于设置列表项的滑动效果。

● ChainAnimation：该属性用于设置当前列表组件是否启用链式联动效果，开启后列表滑动及顶部和底部拖曳时会有链式联动的效果；联动效果遵循弹簧物理动效，默认值为 false。

● Space：该属性用于设置列表项的间隙。

这些属性都不用修改，维持默认值即可。

列表组件放置好之后，接着就要向组件中添加内容了。虽然列表组件属于容器组件，但其中并不是什么组件都能放，列表组件中放置的子组件是列表项组件 ListItem，该组件就在列表组件的右侧。

选中列表项组件，将其拖曳到列表组件中，此时也要注意组件树区组件的层级以确定将组件放置在正确的位置，列表项组件一定是在列表组件中的。调整列表项组件的大小，宽度为 100%，高度为 40vp，如图 8.18 所示。

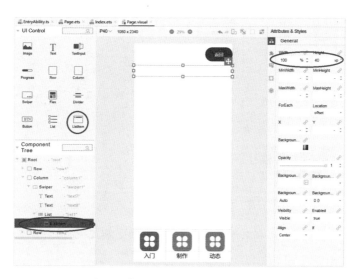

**图 8.18　在列表组件中放置列表项组件**

在列表项组件中，我们还希望有一个图标和一个文本，因此在列表项组件中再添加一个 Row 组件，组件高和宽都为 100%。如图 8.19 所示。

**图 8.19　在列表项组件中再添加一个 Row 组件**

添加 Row 组件是因为虽然列表项组件也属于容器组件，但这个容器组件中只能放置一个组件，如果想添加多个组件，就需要放置一个布局组件。

这里放置的是 Row 组件，然后在这个 Row 组件中再添加图片组件和文本组件。调整图片组件和文本组件的大小，设置图片组件显示的图片和文本组件显示的文本内容，完成后如图 8.20 所示。

图 8.20　在 Row 组件中再添加图片组件和文本组件

这样一个列表项就完成了，在图片组件中用的还是图片 icon.png，文本组件中显示的内容是"鸿蒙应用开发入门 1"。

此时来看组件树区，列表项包含在列表组件中，而列表项中又包含了一个 Row 组件，再往下，Row 组件中包含了一个图片组件和一个文本组件。

可以依照同样的形式再添加更多的列表项组件，如图 8.21 所示。

图 8.21　添加更多的列表项组件

我们又添加了 9 个列表项组件，从组件树区能够看到每个列表项组件中的结构是一样的，都是一个包含了图片组件和文本组件的 Row 组件。注意这个层级结构一定不能错，否则显示效果可能就不正确了。

模拟运行程序。由于我们用列表组件替换了 Swiper 组件中第 3 个文本组件，即序列号为 2 的组件，当点击第 3 个选项卡时（即"动态"选项卡），就会看到以列表形式呈现的内容[25]，如图 8.22 所示。

**图 8.22　当点击第 3 个选项卡时会看到以列表形式呈现的内容**

接下来就可以按照同样的形式再完成两个列表组件，以替换 Swiper 组件中前两个文本组件。这样的话，点击任意的选项卡都能看到以列表形式呈现的内容了。

如果希望显示的内容能够依据我们的选择而变化，那么就可以为其中某些组件的属性设置属性变量，然后通过改变属性变量的值达到更改显示内容的目的。这种形式大家可以自己尝试一下。

## 8.6　通过代码填充文本内容

通过 8.5 节中的操作能够看到，以低代码开发的形式进行页面内容填充是相当麻烦的。对于这种规律性重复的工作，通过代码来完成就能体现出其优势了。本节我们就来看看通过 ArkTS 代码如何实现显示内容的个性化。

首先再添加两个列表组件，以替换 Swiper 组件中前两个文本组件，如图 8.23 所示。所谓的替换，实际上就是在添加列表组件的同时删除之前的文本组件。我们在图 8.23 中能看到目前 Swiper 组件中只有 3 个列表组件。

---

25　目前只添加了一个列表组件，所以点击前两个选项卡时显示的内容依然如图 8.15 所示。

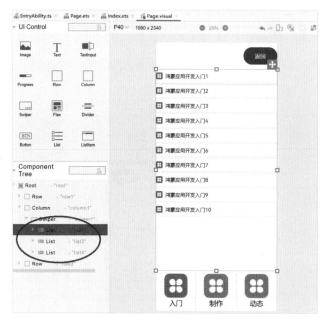

图 8.23 再添加两个列表组件

接下来将 Page.visual 文件的内容转换成 ArkTS 代码。这样就要和 Page.visual 文件说"再见"了。然后打开 Page.ets 文件,修改 ArkTS 代码的第一步是要创建一个列表项组件内容的数据模型,代码如下。

```
export class ListItemData{
  id:string
  img:Resource
  title:string

  constructor(id:string,img:Resource,title:string){
    this.id = id        // 列表项 ID
    this.img = img       // 列表项前方的图标
    this.title = title     // 列表项的文本内容
  }
}
```

数据模型中,一个列表项组件的内容包含 3 个信息,ID、图标及文本内容,在这个电子期刊的项目中可以看作文章编号、文章图标及文章标题。

数据模型创建好之后,我们可以创建一个数组变量 ListItemSrc 以保存一些列表项组件的信息数据,代码如下。

```
private ListItemSrc:ListItemData[][] = [
  [
    {'id':'20230701','img':$r('app.media.icon'),'title':' 鸿蒙应用开发入门 1'},
```

```
      {'id':'20230702','img':$r('app.media.icon'),'title':'红石电子学入门 2'},
      {'id':'20230703','img':$r('app.media.icon'),'title':'STM32 物联网入门 3'}
   ],
   [
      {'id':'20230704','img':$r('app.media.icon'),'title':'STM32 遥控坦克制作 '},
      {'id':'20230705','img':$r('app.media.icon'),'title':'点阵电子沙漏 '},
      {'id':'20230706','img':$r('app.media.icon'),'title':'OLED 时间、天气显示桌面摆件 '},
      {'id':'20230707','img':$r('app.media.icon'),'title':'语音控制的三次元胡桃摇 '}
   ],
   [
      {'id':'20230708','img':$r('app.media.icon'),'title':'2023 创客嘉年华顺利举行 '},
      {'id':'20230709','img':$r('app.media.icon'),'title':'无线电杂志荣获优秀科技期刊 '}
   ]
]
```

ListItemSrc 是一个二维数组，整体上看可以分为 3 块（对照 3 个选项卡），其中第 1 块对应左下角的选项卡（"入门"选项卡），第 2 块对应中间的选项卡（"制作"选项卡），第 3 块对应右下角的选项卡（"动态"选项卡）。对于每一个列表项的内容来说，ID 是按照顺序排的，图标使用的都是图片 icon.png。

数据写好之后，要将这些内容以列表项组件的形式加入 Swiper 组件的列表组件中。

找到文件中 Swiper 组件相关的代码，如图 8.24 所示。

图 8.24 文件中 Swiper 组件相关的代码

Swiper 组件中包含了 3 个列表组件，将这些列表组件相关的代码更新为以下内容。

```
// 第 1 个列表组件
List({ space: "3vp" }) {
  // 加载列表项
  ForEach(this.ListItemSrc[0], item => {
    ListItem() {
      Row() {
        Image(item.img)
          .width("20vp")
          .height("20vp")
          .objectFit(ImageFit.Contain)
        Text(item.title)
          .width("100%")
          .height("60%")
          .fontSize("20fp")
      }
      .width("100%")
      .height("100%")
    }
    .width("100%")
    .height("40vp")
    .sticky(Sticky.None)
  })
}
.width("100%")
.height("100%")
.divider({ strokeWidth: "0", startMargin: "0" })

// 第 2 个列表组件
List({ space: "3vp" }) {
  // 加载列表项
  ForEach(this.ListItemSrc[1], item => {
    ListItem() {
      Row() {
        Image(item.img)
          .width("20vp")
          .height("20vp")
          .objectFit(ImageFit.Contain)
        Text(item.title)
```

```
            .width("100%")
            .height("60%")
            .fontSize("20fp")
        }
        .width("100%")
        .height("100%")
    }
    .width("100%")
    .height("40vp")
    .sticky(Sticky.None)
  })
}
.width("100%")
.height("100%")
.divider({ strokeWidth: "0", startMargin: "0" })


//第3个列表组件
List({ space: "3vp" }) {
  //加载列表项
  ForEach(this.ListItemSrc[2], item => {
    ListItem() {
      Row() {
        Image(item.img)
          .width("20vp")
          .height("20vp")
          .objectFit(ImageFit.Contain)
        Text(item.title)
          .width("100%")
          .height("60%")
          .fontSize("20fp")
      }
      .width("100%")
      .height("100%")
    }
    .width("100%")
    .height("40vp")
    .sticky(Sticky.None)
  })
}
.width("100%")
```

```
.height("100%")
.divider({ strokeWidth: "0", startMargin: "0" })
```

　　注意代码中有变动的部分主要实现的功能是利用 ForEach 遍历数组对象中数据，将所有内容以列表项组件的形式加入 Swiper 组件的列表组件中。

　　这 3 块 ForEach 代码完成的操作是类似的，不同的是操作的数组对象不同，第 1 个列表组件中操作的数组对象是 ListItemSrc[0]，第 2 个列表组件中操作的数组对象是 ListItemSrc[1]，第 3 个列表组件中操作的数组对象是 ListItemSrc[2]。

　　模拟运行程序，页面显示的效果如图 8.25 所示。

**图 8.25　在页面中正常显示数组中定义的数据**

　　可以看到，目前内容显示区域显示的就是数组中定义的数据，而且切换不同的选项卡，显示的内容也会有变化，图 8.25 中切换到了"制作"选项卡，所以显示区域显示的就是数组 ListItemSrc 中第 2 块的信息。

　　这样我们就能方便地通过 ArkTS 代码实现对于显示内容的设定。如果我们想针对每一期期刊都设定相关的信息内容，那么还可以利用 showPage() 函数来实现。我们可以在更新 message 信息之后（message 中存储的内容为期刊是哪一年哪一期的），同时也根据期刊对应的期数更新二维数组 ListItemSrc。代码如下。

```
showPage(){
  this.numImg = router.getParams()['data'];
  if(this.numImg == 0 )
  {
    this.message = "2022 年第 7 期 ";
```

```
    this.ListItemSrc= [
      [
        {'id':'20220701','img':$r('app.media.icon'),'title':'鸿蒙应用开发入门 1'},
        {'id':'20220702','img':$r('app.media.icon'),'title':'红石电子学入门 1'}
      ],
      [
        {'id':'20220703','img':$r('app.media.icon'),'title':'2022 年 7 月的制作文章 1'},
        {'id':'20220704','img':$r('app.media.icon'),'title':'2022 年 7 月的制作文章 2'}
      ],
      [
        {'id':'20220710','img':$r('app.media.icon'),'title':'2022 年 7 月的新闻 1'},
        {'id':'20220711','img':$r('app.media.icon'),'title':'2022 年 7 月的新闻 2'}
      ]
    ]


}
if(this.numImg == 1 )
{
  this.message = " 2022 年第 8 期 ";
  this.ListItemSrc= [
    [
      {'id':'20220801','img':$r('app.media.icon'),'title':'鸿蒙应用开发入门 2'},
      {'id':'20220802','img':$r('app.media.icon'),'title':'红石电子学入门 2'}
    ],
    [
      {'id':'20220803','img':$r('app.media.icon'),'title':'2022 年 8 月的制作文章 1'},
      {'id':'20220804','img':$r('app.media.icon'),'title':'2022 年 8 月的制作文章 2'}
    ],
    [
      {'id':'20220810','img':$r('app.media.icon'),'title':'2022 年 8 月的新闻 1'},
      {'id':'20220811','img':$r('app.media.icon'),'title':'2022 年 8 月的新闻 2'}
    ]
  ]


}
if(this.numImg == 2 )
{
  this.message = " 2022 年第 9 期 ";
  this.ListItemSrc= [
    [
```

```
        {'id':'20220901','img':$r('app.media.icon'),'title':'鸿蒙应用开发入门3'},
        {'id':'20220902','img':$r('app.media.icon'),'title':'红石电子学入门3'}
      ],
      [
        {'id':'20220903','img':$r('app.media.icon'),'title':'2022年9月的制作文章1'},
        {'id':'20220904','img':$r('app.media.icon'),'title':'2022年9月的制作文章2'}
      ],
      [
        {'id':'20220910','img':$r('app.media.icon'),'title':'2022年9月的新闻1'},
        {'id':'20220911','img':$r('app.media.icon'),'title':'2022年9月的新闻2'}
      ]
    ]

}
if(this.numImg == 3 )
{
  this.message = " 2022年第10期 ";
  this.ListItemSrc= [
    [
      {'id':'20221001','img':$r('app.media.icon'),'title':'鸿蒙应用开发入门4'},
      {'id':'20221002','img':$r('app.media.icon'),'title':'红石电子学入门4'}
    ],
    [
      {'id':'20221003','img':$r('app.media.icon'),'title':'2022年10月的制作文章1'},
      {'id':'20221004','img':$r('app.media.icon'),'title':'2022年10月的制作文章2'}
    ],
    [
      {'id':'20221010','img':$r('app.media.icon'),'title':'2022年10月的新闻1'},
      {'id':'20221011','img':$r('app.media.icon'),'title':'2022年10月的新闻2'}
    ]
  ]

}
if(this.numImg == 4 )
{
  this.message = " 2022年第11期 ";
  this.ListItemSrc= [
    [
      {'id':'20221101','img':$r('app.media.icon'),'title':'鸿蒙应用开发入门5'},
      {'id':'20221102','img':$r('app.media.icon'),'title':'红石电子学入门5'}
```

```
    ],
    [
      {'id':'20221103','img':$r('app.media.icon'),'title':'2022 年 11 月的制作文章 1'},
      {'id':'20221104','img':$r('app.media.icon'),'title':'2022 年 11 月的制作文章 2'}
    ],
    [
      {'id':'20221110','img':$r('app.media.icon'),'title':'2022 年 11 月的新闻 1'},
      {'id':'20221111','img':$r('app.media.icon'),'title':'2022 年 11 月的新闻 2'}
    ]
  ]

}
if(this.numImg == 5 )
{
  this.message = " 2022 年第 12 期 ";
  this.ListItemSrc= [
    [
      {'id':'20221201','img':$r('app.media.icon'),'title':'鸿蒙应用开发入门 6'},
      {'id':'20221202','img':$r('app.media.icon'),'title':'红石电子学入门 6'}
    ],
    [
      {'id':'20221203','img':$r('app.media.icon'),'title':'2022 年 12 月的制作文章 1'},
      {'id':'20221204','img':$r('app.media.icon'),'title':'2022 年 12 月的制作文章 2'}
    ],
    [
      {'id':'20221210','img':$r('app.media.icon'),'title':'2022 年 12 月的新闻 1'},
      {'id':'20221211','img':$r('app.media.icon'),'title':'2022 年 12 月的新闻 2'}
    ]
  ]

}
}
```

　　我随便填写了一些标题内容，条目也不多，大家可以根据实际情况来填充和完善这些内容。至此，这个电子期刊的项目就完成了，而本书的内容也就到这里了。

　　最后列出目前 Page.ets 文件的内容，我在文本代码中增加了一些注释，以方便程序员的阅读。

```
import router from '@ohos.router'

export class ListItemData{
```

```
    id:string
    img:Resource
    title:string

    constructor(id:string,img:Resource,title:string){
      this.id = id        // 列表项 ID
      this.img = img      // 列表项前方的图标
      this.title = title     // 列表项的文本内容
    }
}


@Entry
@Component
struct Page {
  @State message: string = " "
  numImg:number = 0

  @State tab1RenderMode:ImageRenderMode = ImageRenderMode.Original
  @State tab2RenderMode:ImageRenderMode = ImageRenderMode.Template
  @State tab3RenderMode:ImageRenderMode = ImageRenderMode.Template
  @State numTab:number = 0

  private ListItemSrc:ListItemData[][] = [
    [
      {'id':'20230701','img':$r('app.media.icon'),'title':' 鸿蒙应用开发入门 1'},
      {'id':'20230702','img':$r('app.media.icon'),'title':' 红石电子学入门 2'},
      {'id':'20230703','img':$r('app.media.icon'),'title':' STM32 物联网入门 3'}
    ],
    [
      {'id':'20230704','img':$r('app.media.icon'),'title':' STM32 遥控坦克制作 '},
      {'id':'20230705','img':$r('app.media.icon'),'title':' 点阵电子沙漏 '},
      {'id':'20230706','img':$r('app.media.icon'),'title':' OLED 时间、天气显示桌面摆件 '},
      {'id':'20230707','img':$r('app.media.icon'),'title':' 语音控制的三次元胡桃摇 '}
    ],
    [
      {'id':'20230708','img':$r('app.media.icon'),'title':' 2023 创客嘉年华顺利举行 '},
      {'id':'20230709','img':$r('app.media.icon'),'title':' 无线电杂志荣获优秀科技期刊 '}
    ]
  ]
```

```
// 选项卡 1 被点击
tab1Click()
{
  this.tab1RenderMode = ImageRenderMode.Original;
  this.tab2RenderMode = ImageRenderMode.Template;
  this.tab3RenderMode = ImageRenderMode.Template;
  this.numTab = 0;
}

// 选项卡 2 被点击
tab2Click()
{
  this.tab1RenderMode = ImageRenderMode.Template;
  this.tab2RenderMode = ImageRenderMode.Original;
  this.tab3RenderMode = ImageRenderMode.Template;
  this.numTab = 1;
}

// 选项卡 3 被点击
tab3Click()
{
  this.tab1RenderMode = ImageRenderMode.Template;
  this.tab2RenderMode = ImageRenderMode.Template;
  this.tab3RenderMode = ImageRenderMode.Original;
  this.numTab = 2;
}

// 关联 Column 组件显示
showPage(){
  // 获取上一个页面传递过来的参数
  this.numImg = router.getParams()['data'];
  if(this.numImg == 0 )
  {
    this.message = " 2022 年第 7 期 ";
    this.ListItemSrc= [
      [
        {'id':'20220701','img':$r('app.media.icon'),'title':' 鸿蒙应用开发入门 1'},
        {'id':'20220702','img':$r('app.media.icon'),'title':' 红石电子学入门 1'}
      ],
      [
```

```
        {'id':'20220703','img':$r('app.media.icon'),'title':' 2022 年 7 月的制作文章 1'},
        {'id':'20220704','img':$r('app.media.icon'),'title':' 2022 年 7 月的制作文章 2'}
    ],
    [
        {'id':'20220710','img':$r('app.media.icon'),'title':' 2022 年 7 月的新闻 1'},
        {'id':'20220711','img':$r('app.media.icon'),'title':' 2022 年 7 月的新闻 2'}
    ]
  ]


}
if(this.numImg == 1 )
{
  this.message = " 2022 年第 8 期 ";
  this.ListItemSrc= [
    [
        {'id':'20220801','img':$r('app.media.icon'),'title':' 鸿蒙应用开发入门 2'},
        {'id':'20220802','img':$r('app.media.icon'),'title':' 红石电子学入门 2'}
    ],
    [
        {'id':'20220803','img':$r('app.media.icon'),'title':' 2022 年 8 月的制作文章 1'},
        {'id':'20220804','img':$r('app.media.icon'),'title':' 2022 年 8 月的制作文章 2'}
    ],
    [
        {'id':'20220810','img':$r('app.media.icon'),'title':' 2022 年 8 月的新闻 1'},
        {'id':'20220811','img':$r('app.media.icon'),'title':' 2022 年 8 月的新闻 2'}
    ]
  ]


}
if(this.numImg == 2 )
{
  this.message = " 2022 年第 9 期 ";
  this.ListItemSrc= [
    [
        {'id':'20220901','img':$r('app.media.icon'),'title':' 鸿蒙应用开发入门 3'},
        {'id':'20220902','img':$r('app.media.icon'),'title':' 红石电子学入门 3'}
    ],
    [
        {'id':'20220903','img':$r('app.media.icon'),'title':' 2022 年 9 月的制作文章 1'},
        {'id':'20220904','img':$r('app.media.icon'),'title':' 2022 年 9 月的制作文章 2'}
```

```
        ],
      [
        {'id':'20220910','img':$r('app.media.icon'),'title':' 2022 年 9 月的新闻 1'},
        {'id':'20220911','img':$r('app.media.icon'),'title':' 2022 年 9 月的新闻 2'}
      ]
    ]


}
if(this.numImg == 3 )
{
    this.message = " 2022 年第 10 期 ";
    this.ListItemSrc= [
      [
        {'id':'20221001','img':$r('app.media.icon'),'title':' 鸿蒙应用开发入门 4'},
        {'id':'20221002','img':$r('app.media.icon'),'title':' 红石电子学入门 4'}
      ],
      [
        {'id':'20221003','img':$r('app.media.icon'),'title':' 2022 年 10 月的制作文章 1'},
        {'id':'20221004','img':$r('app.media.icon'),'title':' 2022 年 10 月的制作文章 2'}
      ],
      [
        {'id':'20221010','img':$r('app.media.icon'),'title':' 2022 年 10 月的新闻 1'},
        {'id':'20221011','img':$r('app.media.icon'),'title':' 2022 年 10 月的新闻 2'}
      ]
    ]


}
if(this.numImg == 4 )
{
    this.message = " 2022 年第 11 期 ";
    this.ListItemSrc= [
      [
        {'id':'20221101','img':$r('app.media.icon'),'title':' 鸿蒙应用开发入门 5'},
        {'id':'20221102','img':$r('app.media.icon'),'title':' 红石电子学入门 5'}
      ],
      [
        {'id':'20221103','img':$r('app.media.icon'),'title':' 2022 年 11 月的制作文章 1'},
        {'id':'20221104','img':$r('app.media.icon'),'title':' 2022 年 11 月的制作文章 2'}
      ],
      [
```

```
                        {'id':'20221110','img':$r('app.media.icon'),'title':'2022年11月的新闻1'},
                        {'id':'20221111','img':$r('app.media.icon'),'title':'2022年11月的新闻2'}
                    ]
                ]

            }
            if(this.numImg == 5 )
            {
                this.message = "2022年第12期";
                this.ListItemSrc= [
                    [
                        {'id':'20221201','img':$r('app.media.icon'),'title':'鸿蒙应用开发入门6'},
                        {'id':'20221202','img':$r('app.media.icon'),'title':'红石电子学入门6'}
                    ],
                    [
                        {'id':'20221203','img':$r('app.media.icon'),'title':'2022年12月的制作文章1'},
                        {'id':'20221204','img':$r('app.media.icon'),'title':'2022年12月的制作文章2'}
                    ],
                    [
                        {'id':'20221210','img':$r('app.media.icon'),'title':'2022年12月的新闻1'},
                        {'id':'20221211','img':$r('app.media.icon'),'title':'2022年12月的新闻2'}
                    ]
                ]

            }
        }

        // 返回按钮
        btnClick() {
            router.back() ;
        }

        build() {
            Column() {
                // 页面上方
                Row() {
                    Text('${this.message}')
                        .width("200vp")
                        .height("60vp")
                        .fontSize("26fp")
```

```
    // 返回按钮组件
  Button("返回")
    .width("100vp")
    .height("50vp")
    .onClick(this.btnClick.bind(this))
}
.width("100%")
.height("10%")
.justifyContent(FlexAlign.SpaceBetween)

// 页面中间的内容显示区
Column() {
  Swiper() {
    // 第 1 个列表组件
    List({ space: "3vp" }) {
      // 加载列表项
      ForEach(this.ListItemSrc[0], item => {
        ListItem() {
          Row() {
            Image(item.img)
              .width("20vp")
              .height("20vp")
              .objectFit(ImageFit.Contain)
            Text(item.title)
              .width("100%")
              .height("60%")
              .fontSize("20fp")
          }
          .width("100%")
          .height("100%")
        }
        .width("100%")
        .height("40vp")
        .sticky(Sticky.None)
      })
    }
    .width("100%")
    .height("100%")
    .divider({ strokeWidth: "0", startMargin: "0" })
    // 第 2 个列表组件
```

```
List({ space: "3vp" }) {
  // 加载列表项
  ForEach(this.ListItemSrc[1], item => {
    ListItem() {
      Row() {
        Image(item.img)
          .width("20vp")
          .height("20vp")
          .objectFit(ImageFit.Contain)
        Text(item.title)
          .width("100%")
          .height("60%")
          .fontSize("20fp")
      }
      .width("100%")
      .height("100%")
    }
    .width("100%")
    .height("40vp")
    .sticky(Sticky.None)
  })
}
.width("100%")
.height("100%")
.divider({ strokeWidth: "0", startMargin: "0" })

// 第 3 个列表组件
List({ space: "3vp" }) {
  // 加载列表项
  ForEach(this.ListItemSrc[2], item => {
    ListItem() {
      Row() {
        Image(item.img)
          .width("20vp")
          .height("20vp")
          .objectFit(ImageFit.Contain)
        Text(item.title)
          .width("100%")
          .height("60%")
          .fontSize("20fp")
```

```
          }
            .width("100%")
            .height("100%")
        }
          .width("100%")
          .height("40vp")
          .sticky(Sticky.None)
      })
    }
      .width("100%")
      .height("100%")
      .divider({ strokeWidth: "0", startMargin: "0" })
  }
    .width("100%")
    .height("100%")
    .index(this.numTab)
    .indicator(false)
    .loop(false)
}
.width("100%")
.height("75%")
.justifyContent(FlexAlign.Center)
.onAppear(this.showPage.bind(this))

// 页面下方的选项卡
Row() {
  // 选项卡 1
  Column() {
    Image($r('app.media.icon'))
      .width("100%")
      .height("60%")
      .objectFit(ImageFit.Contain)
      .renderMode(this.tab1RenderMode)
    Text("入门")
      .width("100%")
      .height("30vp")
      .fontSize("20fp")
      .textAlign(TextAlign.Center)
  }
    .width("33%")
```

```
        .height("100%")
      .justifyContent(FlexAlign.Center)
      .onClick(this.tab1Click.bind(this))

      // 选项卡 2
      Column() {
        Image($r('app.media.icon'))
          .width("100%")
          .height("60%")
          .objectFit(ImageFit.Contain)
          .renderMode(this.tab2RenderMode)
        Text(" 制作 ")
          .width("100%")
          .height("30vp")
          .fontSize("20fp")
          .textAlign(TextAlign.Center)
      }
      .width("33%")
      .height("100%")
      .justifyContent(FlexAlign.Center)
      .onClick(this.tab2Click.bind(this))

      // 选项卡 3
      Column() {
        Image($r('app.media.icon'))
          .width("100%")
          .height("60%")
          .objectFit(ImageFit.Contain)
          .renderMode(this.tab3RenderMode)
        Text(" 动态 ")
          .width("100%")
          .height("30vp")
          .fontSize("20fp")
          .textAlign(TextAlign.Center)
      }
      .width("33%")
      .height("100%")
      .justifyContent(FlexAlign.Center)
      .onClick(this.tab3Click.bind(this))
    }
```

```
        .width("100%")
        .height("15%")
        .justifyContent(FlexAlign.SpaceEvenly)
    }
    .width("100%")
    .height("100%")
  }
}
```